U0264454

国家出版基金项目
NATIONAL PUBLICATION FOUNDATION

全球构造体系概论

康玉柱　等编著

中国石化出版社
地质出版社

图书在版编目(CIP)数据

全球构造体系概论/康玉柱等编著. —北京：中
国石化出版社，2018.2(2021.1重印)
ISBN 978-7-5114-3700-6

Ⅰ.①全…　Ⅱ.①康…　Ⅲ.①地质构造—构造体系—
世界　Ⅳ.①P552

中国版本图书馆 CIP 数据核字(2018)第 022848 号

中国石化出版社出版发行

地址:北京市东城区安定门外大街 58 号
邮编:100011　电话:(010)57512500
发行部电话:(010)57512575
http://www.sinopec-press.com
E-mail:press@sinopec.com
北京科信印刷有限公司印刷
全国各地新华书店经销

*

787×1092 毫米 16 开本 10.75 印张 235 千字
2018 年 4 月第 1 版　2021 年 1 月第 2 次印刷
审图号:GS(2018)1643 号
定价:108.00 元

编　委　会

主　　编：康玉柱

成　　员：邢树文　马寅生　赵　越　乔德武

　　　　　王宗秀　周新桂　康志宏　凌支虎

　　　　　康志江　李会军

序

　　石油地质学家、地质力学家康玉柱等，从 1970 年开始学习和运用著名地质学家李四光独创的"地质力学理论"，并在塔里木盆地、新疆乃至全国，以地质力学理论为指导，开展控制油气作用研究。于 1984 年，主持实现了中国古生代海相油气开天辟地的重大突破；1990 年，在塔里木盆地主持发现世界级塔河特大油田，又在新疆发现 20 个油气田。

　　他们经过理论—实践—理论的反复总结，先后出版了《塔里木盆地构造体系控油作用》《中国主要构造体系与油气分布》《准噶尔盆地、柴达木盆地、鄂尔多斯盆地、四川盆地、松辽盆地、华北盆地等构造体系控油作用研究》及《油气地质力学》等 10 多部科学专著，发表了上百篇论文。从 2006 年开始将地质力学理论推向全球，经过 10 多年研究总结，以康玉柱为首编著的《全球构造体系概论》今天正式出版了。该书分析研究了全球大量的地质资料，首次将全球划分出八大构造体系类型；提出了各构造体系演化特征；论述了构造体系形成的主控因素，指出了全球古生界及部分地区中新元古界未发生过区域性变质作用等创新认识。这些创新理论认识，不但填补了全球构造体系的空白，更丰富和发展了全球地质科学理论，完成了一部内容丰富、高水平的著作，具有重要的理论和指导意义。

　　康玉柱等开拓创新和传承李四光地质力学理论的精神很值得赞扬和学习。

李廷栋

前　　言

以康玉柱院士为首的团队，从1985年开始对国外多个国家进行地质调研。特别是近10年来又参与了国内有关部门全球油气地质综合研究的评价等工作，还参阅了国内外专家们出版的大量专著、研究报告及文章等，以地质力学理论为指导，系统研究总结后编写了这部专著。其主要内容为：第一，论述了地球运动的起源。第二，初步划分全球主要构造体系类型（东西向构造体系、南北向构造体系、北东向构造体系、北北东向构造体系、北西向构造体系、山字型构造体系、S型或反S型构造体系及旋扭构造体系）。第三，阐明了构造体系演化特征及复合联合关系。

本书由康玉柱主持编写，各章主要编写人员如下：前言、第1章由康玉柱编写；第2章由康玉柱、邢树文、赵越、马寅生、王宗秀编写；第3章由康玉柱、邢树文、赵越、马寅生、乔德武、王宗秀、周新桂、康志宏、凌支虎编写；第4章由康玉柱、王宗秀、李会军编写；第5章由康玉柱、邢树文、康志宏、赵越、凌支虎、康志江、李会军编写；第6章由康玉柱、邢树文、王宗秀、康志江、李会军编写；第7章由康玉柱、邢树文、康志宏、马寅生、乔德武、王宗秀、凌支虎编写；第8～10章由康玉柱、邢树文、王宗秀、康志宏、马寅生、康志江、凌支虎编写；第11章由康玉柱、邢树文编写；全书由康玉柱统编定稿。

在本书编写的过程中，得到了国土资源部、中国地质调查局和中国石油化工股份有限公司石油勘探开发研究院等领导的大力支持，特别是得到了中国地质科学院地质力学研究所邢树文及龙长兴所长的指导和帮助。编写过程中参考了许多地质学家、油气地质学家和其他科学工作者的论著，在此一并表示衷心的感谢！

目　　录

1 绪 论

构造体系(structural system 或 tectonic system)是地质力学的理论核心。这一概念是从全球统一运动的观点出发，把地壳上由统一构造应力场产生的所有岩石变形现象(包括海底构造)作为一个整体看待。也就是说，地壳上的各种构造形迹，尽管它们形态各异、大小悬殊、性质不同、方向有别，但并不是孤立出现的，每一种构造形迹都必然会与其他一些构造形迹相伴而生，共同构成一个统一的形变图像，即构造体系。

关于构造体系的概念，李四光先生曾给予其严谨的定义："构造体系是许多不同形态、不同性质、不同级别和不同序次，但具有成生联系的各项结构要素所组成的构造带以及它们之间所夹的岩块或地块组合而成的总体。"

把各种各样的构造形迹归属于一个构造体系，其基本前提是要确定这些构造形迹之间具有成生联系(gentic relation)，即在统一的构造应力场中所形成的构造形迹在发生、发展过程中的力学联系。例如具有共轭关系的两组剪切节理就具有成生联系，如果还有横张裂隙及与其呈直交的压扁构造或压溶缝合线伴生，就更加说明它们所反映的应力状态的统一性，这种在力学上统一的一套构造形迹之间的关系在地质力学上称为成生联系。在一个构造体系中各个组成部分则反映出构造应力场的统一性。例如山字型构造体系，在脊柱、前弧、反射弧各部位，虽然应力状态或者局部应力场不同，但在总体应力场中它们是相互制约、相互依存的整体，所以，它们各部分之间也就具有成生联系。对于一个规模较大的构造体系来说，具有成生联系的构造形迹可以是不同形态、不同性质、不同级别和不同序次的，它们可以出现于不同时代、不同力学性质的岩块、地块和地层中，在不同地点所反映的局部应力状态和局部应力场也可以不同。那么，如何判断一些构造形迹之间是否具有成生联系呢？主要依据两个方面：一是尽管它们各自所反映的局部应力状态或局部应力场不同，但它们所反映的总体应力场是统一的；二是尽管由于地质条件的复杂性以及序次的不同，出现可以有早有晚，但它们形成的构造运动时期必定是大致相同的。

由于在一个统一的构造应力场中，岩石变形是不均一的，有些地方变形强烈，有些地方变形微弱，依据构造变形的相对强弱，可以划分出构造带和地块，它们之间是互相依存、相辅相成的。因此，也可以说构造体系是由构造带和地块共同组成的。

构造体系形成的主要原因有地壳自转旋力、天体对地球的作用、地球内部放射性物质、地壳各部位的厚度及密度不同等因素。

本文论述的主要构造体系类型包括东西向构造体系、南北向构造体系、北东向构造体系、北北东向构造体系、北西向构造体系、山字型构造体系、S 型或反 S 型构造体系、旋扭构造体系。

1.1 地球运动的起源

著名地质学家李四光先生，早就指出地球自转速度变化是地球运动的重要动力。一个旋转物体的角动量是守恒的，一般用公式表示如下：

$$wI = C$$

式中　w——旋转物体的角速度；

　　I——旋转物体绕其旋转轴的转动惯量；

　　C——常数。

当 I 发生变化时，w 必以反比例发生变化，即当 I 减小时，w 必然增大。如果地球的质量向地球的中心移动时，I 就必然减小。这种变化，可能起源于几种不同的作用：①整个地球收缩（收缩论）；②在地壳上显现出来的大规模沉降（垂直运动论）；③在地球内部可能发生的重力分异运动和密度不等的熔岩的对流等。不管哪一种假定接近于实际，只要这些作用中的任何一种，或在它的某一阶段，能够让地球的质量向它的中心收敛达到一定的程度，地球的角速度也就会加快到一定程度，以致地球整体的形状不得不发生变化。在地球的表层或地壳的上层，当抗拒这种变化的强度小于地球内部时，特别是等地温面上升时，一定强度的水平力量就容易在地壳上层产生推动效果，以适应地球新形状的要求。很明显，这种作用所引起的力量，是由于地球角速度加快而加大的离心力和重力的综合作用而产生的水平分力。这个水平分力恰恰符合地壳中某些部分水平运动的要求，特别是形成山字型构造的要求。

同时，地壳或者它的上层对它的基底固着的程度不一定是均匀的。假如地壳表层两个相毗连的部分，不以同一步调随着地球的旋转加速前进的话，那么这两个部分之间，就会发生指向东西的挤压或张裂。如果在东面的部分不像在西面的部分那样随着地球的旋转加快而变快，它们之间就会沿着南北向伸展的地带，在水平面上发生挤压和扭裂。如果在西面的部分不像在东面的部分那样随着地球的旋转加快而变快，它们之间就会沿着南北伸展的地带，在水平面上发生张裂和扭裂。在这种情况下，走向大致为北东和北西的两组裂面，由于地球角速度的变化，不仅可以伴随产生走向为东西的构造体系和山字型的构造体系等，而且走向南北的构造体系也可以随之产生。

根据角动量守恒的原则，当地球角速度变小时，绕其旋转轴的转动惯量就应该增大，即它的质量的分布应该向外扩散，亦即它的体积涨大或密度较小的物质大规模向地球上面移动。关于地球转动惯量的变更引起角速度变化的看法，三十余年前，在中国和匈牙利（施密特）不约而同地被提出，不能说是偶然的。中国西南部及世界其他地区二叠纪时发育大量玄武岩流；自古近纪初期以来，在印度半岛就出露有面积约 $100 \times 10^4 \text{km}^2$ 以上的德干暗色岩；另外，印度洋西部地区、大西洋北部许多地区、太平洋区所广泛分布的基性岩流以及在各个大规模造山运动时代侵入地壳上部各种密度较大的火成岩床和岩体等，都是地壳以下或地壳下部密度较大的物质大规模上升的陈迹。

当地球中质量的分布发生变化，同时又不断受到潮汐作用的影响使它的角速度变小时，地球的扁度就会过大，不能适应它的自转速度的要求，因此，就可能发生走向东西和走向南北的断裂和褶皱。

那么，地球的角速度是否发生过变化？古代日食的记录和近代若干天文家的观测对这一问题的答复是肯定的。他们大多认为地球的角速度有变慢的总趋势，另外也有人（如尤列）保持相反的看法。实际上，历史记录证明，地球自转的速度是时慢时快的，在它的种种快慢变化中，有一种"不规则"的变快变慢。虽然在历史时期，这样不规则的变化程度不大，但是我们并没有利用这种历史时代的变化来衡量地质时代可能发生的变化。就是说，我们没有理由排除这种可能：即在地质时代中，地球自转速度的变化累积起来，有时超过了地球表面形状还能保持平衡的临界值。因此，我们没有理由断定，地球质量的集中达到让地壳表层发动运动的临界状态以前，就会停止。

1.1.1 天体对地球的影响

地球的角速度改变和地壳中以及地壳下逐渐具备发动定向运动的条件的原因，可能来自与地球有密切联系的天体，特别是月球和太阳，也可能来自地球自身的内部。先讨论来自天体方面的可能：就地壳定向运动的要求来看，一部分天体力学家，如大家所熟悉的泰勒、约理、李奇科夫等，都认为月球对地球所发生的潮汐作用是地壳上发生构造运动的总原因。关于太阳的活动可能影响地壳运动的设想，若干前苏联天文学家和天文地质学家曾提出了论证。他们之中，有的如埃根松认为太阳的活动影响地球的角速度，有的如司那尔斯基认为太阳的活动与地球磁场强度的变化有关。司那尔斯基应用了磁场削弱时，解脱了磁性的物质就会发热的假设和地球磁场变化的 11 年周期与太阳活动的 11 年周期相应的事实，他认为地壳中等温面的上升和下降不是使这个磁场强度发生变化的原因，而是结果。这一新颖的假设，提出了磁场强度的变化在地壳中怎样创造条件使构造运动成为可能。

1.1.2 来自地球自身内部的原因

大家知道，地壳中广泛散布着放射性物质，这些放射性物质都不断地发热，在地表的温度大致不变，并且在岩石的传热率和地热梯度一定的条件下，地壳下部的温度就有逐渐增高的可能。约理抓住了这种可能性，得出了地壳下部的岩石大约每 3000 万年的时间就会发生一次熔解的结论。在施密特的《地壳起源论》中，放射性物质对地球热历史的重要性有了更大的发展。还有许多地质学家，包括在早期应用矿物的放射性鉴定地球年龄的霍姆斯，在这一方面做了大量的工作。看来地壳中放射性元素的存在和它的热态，毫无疑问是有密切关系的。可是，放射性元素在地壳各部分乃至地壳以下究竟如何分布，却是悬而未决的问题。单从若干类型岩石标本的放射性来断定放射性物质在地壳中和地壳以下的分布规律，是不可靠的。正如克拉斯可夫斯基所指出的那样，过去在地球各处所测定的有关地球热态的各项数据，有很多是不可靠的。在这种情况下，约理和其他地质家假定放射性元素在地壳中按一定规律分布所提出的等地温面变化的程度，都需要加以严密的检查和研究。这种作用，主要是为地壳定向运动创造条件。因此，地球内部温度差异可导致地壳局部运动。

1.1.3 地壳厚度、密度的差异造成的地应力

在地球自转的过程中，由于地壳厚度和密度的不同而形成了挤压和拉张应力，这一应力会造就各种构造变形。在随地球自转的过程中，地壳厚度大和岩石密度大的地区，对地壳厚度薄和岩石密度小的地区就会产生挤压应力而造成相应的变形。

1.1.4 大陆(地块)在地质历史演化中是不会漂移的

魏格纳在20世纪20年代早期重新包装后提出大陆漂移的假说曾流传一时，到现在还有个别人认为大陆可漂移。

笔者根据地球运动应力的产生、地壳运动的特征及近百万年来地壳上发生的构造运动、大地震、海水进退、火山喷发等现象，认为地球上各陆块(地块)不能产生大规模的漂移，只能是由于水平挤压力造就深大断裂活动，产生上升沉降作用、走滑作用和俯冲作用。特别当张性深大断裂拉开后，地幔内的岩浆会发生侵入或喷出，随后像凝胶一样将断裂封住。大陆地块在地质历史时期中变化多端。这种变化主要不是地块本身大距离位移变化，更不是大陆在漂移，而是海洋在变迁。海水的进退使各陆块被海水淹没的程度和大陆出露的程度在变迁，也就是说，海洋变迁造就了各陆块的变迁。如2011年日本福岛地震发生的大规模海啸淹没了不少陆地，而使日本岛陆地面积变小等，这不是日本岛在漂移。由此推断，在漫长的地质历史中各地块的变化位移主要是海陆变迁的结果。

当然，由于地应力作用产生的深大断裂具有如下特征：①挤压性，可以使一部分地块俯冲到另一个地块之下；②挤压可以造山(隆起)；③走滑断裂，可以使断裂两盘滑动几千米，但这种相对运动，对地球整体而言，都属于局部的运动。而在一定历史时期中，海洋变迁才会对陆块变迁影响最大，如不同时期各大陆的变迁。由于上述原因使地壳形成的多类构造体系类型各有其特点。

1.2 全球海陆变迁特征

通过对全球各地质时代沉积岩分布、构造运动状况及不同时间剥蚀量大小等因素进行分析，认为震旦纪陆地面积较大，早古生代寒武纪陆地面积最少，海洋面积最大。奥陶纪陆地比寒武纪增加，志留纪陆地面积是古生代最大的时期，晚古生代泥盆纪陆地面积较小，二叠纪陆地面积最大，中生代以来陆地面积在不断增加，海水面积在不断缩小。古近纪已初步形成了现在几大洲陆地雏形。

海陆变迁绝对不是大陆在漂移，它是由以下几个因素的作用所致。

(1)地壳地应力的挤压作用使地壳不同部位抬升，另一部分沉降。海水流向沉降区，隆起变成陆地。地壳抬升和沉降运动在不断地和不均衡地进行着，所以海水进退也在相应进行。

（2）影响全球海水进退的因素还有全球冰期海水面积变小，陆地面积增大，如晚震旦世、晚奥陶世—早志留世、晚石炭世—早二叠世、早第四纪等。

（3）地应力作用使地壳产生多方向大型断裂，促进地壳相对运动如沿断裂相对升降或相对平移，促进地块相对抬升、沉降或平移运动。

1.3 全球古生界未发生过区域性变质作用

近年来，对中国及全球主要造山带和大型盆地油气地质调研后，发现原本有些专家学者认为的古生界变质岩区，古生界并未发生过区域变质作用。如中国东北大兴安岭、长白山造山带、新疆的阿勒泰、天山、昆仑山、阿尔金山、祁连山—秦岭等造山带内，仅在大型断裂带和岩浆岩接触带附近，古生界沉积岩发生了局部动力或热力变质作用。动力及热力变质作用，一般宽度为 5~50m，最宽可达上千米。远离断裂带及接触带未发现变质作用痕迹，动力变质的岩性不一，多为千枚岩、板岩，部分可成为片岩类。

在中国各大型沉积盆地（松辽盆地、渤海湾盆地、南华北盆地、鄂尔多斯盆地、四川盆地、准噶尔盆地、塔里木盆地、柴达木盆地、走廊盆地、江汉盆地等）古生界未发生变质作用。

俄罗斯东、西伯利亚盆地古生界为一套海相—海陆交互相的碳酸盐岩及碎屑岩沉积，未发现变质作用。相当于震旦纪的里非，未发现任何变质作用。

美州大陆的美国、加拿大及巴西主要大型盆地古生界未发现区域变质作用。

1.4 全球主要构造运动

陆壳岩石圈的结构演化，主要由陆壳的构造运动和构造体系所造成，它们的形成演化与分布规律受地壳运动方式、不同构造体系和方向所制约。因此，可以就陆壳结构的形成演化来探讨其所经历的主要地壳运动性质、时期及其变化规律。

地壳运动常被分为造山运动、振荡运动等，名目繁多，其波及范围大小不一。同一时期的一场构造运动，在不同地质背景下表现不一。如同一场运动在一些地区因挤压或走滑抬升而造山，在另一些地带则因拗陷或拉张下沉而连续沉降，使后期沉积对前者表现为不整合接触，对后者为连续沉积或无明显间断，这是因地壳运动中的挤压与拉张、褶皱隆升与拗陷或断陷总是相辅或相伴而行的。但由于构造运动引发的挤压与拉张等构造形变有着不同的产物，挤压或压剪性变形区常有变形变质作用、岩浆侵入活动相伴而生。而拉张裂陷带则常有岩浆的喷溢等火山作用相随，形成活动型海洋槽地和火山—碎屑岩建造，拗陷区或振荡作用区则常有较稳定的碎屑—碳酸盐岩建造，它们对沉积矿产或火山—沉积矿产起重要控制作用。后期构造活动可能改变原有的构造格局，显示出明显的新生性，也可能承袭早期的部分构造格局而显示出明显的继承性。这与构造运动时期各波及部位所处的边界条件、构造应力场分布与变化状况有关（表 1-1）。

表1-1 地层时代、地质运动对比简表

地质时代			同位素年龄值/Ma	主要地质事件	构造阶段与地壳运动			
代	纪	世			欧美	中国		非洲
新生代	第四纪	全新世	现在	联合古陆解体阶段	新阿尔卑斯阶段 撒夫运动	喜马拉雅阶段 喜马拉雅运动（晚）	阿尔卑斯阶段	阿尔卑斯运动晚期
		更新世	0.01					
	新近纪	上新世	2					
		中新世	5		比利牛斯运动	喜马拉雅运动（早）		阿尔卑斯运动早期
	古近纪	渐新世	22.5					
		始新世	37.5					
		古新世	50		拉拉米运动	燕山阶段 燕山运动（晚）	海西阶段	海西运动第三幕
			65		老阿尔卑斯阶段 新西末利运动	燕山运动（中）		
中生代	白垩纪		137		老西末利运动	燕山运动（早）		海西运动第二幕
	侏罗纪		185	联合古陆形成阶段	阿帕拉钦运动	印支运动（早）		
	三叠纪		230			印支海西阶段 天山运动		海西运动第一幕
晚古生代	二叠纪		280		海西阶段 布列东运动			
	石炭纪		350			祁连		
	泥盆纪		400		伊里运动	古浪（广西）运动	泛非阶段	（加丹加）泛非运动晚期
早古生代	志留纪		440		加里东阶段 太康运动	加里东阶段 兴凯运动		
	奥陶纪		500					
	寒武纪		610	地台形成阶段	阿索提运动	晋宁运动（晚）		（加丹加）泛非运动早期
	震旦纪		850		哥德—格林威尔运动	吕梁晋宁阶段 晋宁运动（早）		
元古宙	新古		1055			吕梁（中条）运动		
	中古		1600~1700		卡端里—赫德孙运动	吕梁		
	新古		2500~2600	陆核形成阶段	萨姆—青诺尔运动	阜平阶段 五台运动		
太古宙			3000~3900			阜平运动		
			3800	天文阶段				
冥古宙			4600					

　　中国各主要地块所经历的构造演化历史是不相同的，各期构造运动在各地块中的表现形式和强弱程度是有较大差异的。其基本情况是：华北地块经过新太古代末和古元古代末两场构造运动之后固结，形成结晶基底，中新元古代为稳定盖层发展阶段，直到三叠纪后期的印支运动才表现出活动强度较大的变形变质作用。扬子—塔里木地块则在古元古代末形成结晶基底，中新元古代为活动型和次活动型沉积环境，经晋宁—澄江运动（新疆称阿尔金—塔里木运动）形成褶皱基底，从震旦纪开始进入稳定盖层发展阶段，显生宙以来在这一构造地块内的发育历程基本一致，只是西部活动强度有时大一些，但自印支运动以来，东、西部呈现了明显的差异。华夏古地块，于古元古代末形成结晶基底，从中元古代到早古生代都处于活动沉积环境，即在晋宁运动前后均为活动型沉积，古生代形成褶皱基底，而后转入稳定盖层沉积，印支期以来又表现为较强的活动性。藏南—滇西地区属冈瓦纳大陆北缘，它与华夏地块有较大的相似性，其褶皱基底形成于早古生代早期，中生代演化为东特提斯构造域的主要组成部分，活动性较强。中国最北部则属蒙古地块南缘区，这里基底岩系出露不多，已有资料表明该区在古生代时期可能为一广阔海洋，古生代末褶皱回返，转入稳定发展阶段，可能有元古宙结晶基底存在。但佳木斯—老爷岭及吉东、辽东地区，中元古代长期隆起，新元古代强烈沉降，与大别—胶东地区一致，新元古代以来，与扬子—华夏地块相似，而明显区别于华北地块。

　　现将古生代主要构造运动由老至新简介如下。

1.4.1　中元古代与新生代之间的构造运动

　　晋宁运动原指中国西南地区昆阳群、会理群等变形变质并形成该区褶皱基底的一场重要构造运动。在以后的工作中发现，这次运动在扬子地块及其周缘广泛存在，也是形成该区基底的一次重要的变形变质作用。其后期还有广泛的岩浆活动和过渡型—活动型建造，因此它应包括其后的澄江运动，或称晋宁运动尾幕，即震旦纪冰成岩系与下伏岩系间的构造变动，其时限为 800～1000Ma。这场构造运动在塔里木—柴达木地块、川西北松潘地块、藏北羌塘地块及阿拉善地块南部至华北地块南部、伏牛山区的隆起带上均有显著表现，在西北称阿尔金运动和塔里木运动或全吉运动。不少地区存在两个界面，主界面在 1000Ma 左右，后期界面在 800Ma 左右，大体相当于青白口纪的底界面和顶界面。扬子—塔里木地块的褶皱基底的沉积建造和构造变形变质、岩浆活动基本可以对比，而且这些地区的青白口系火山—碎屑建造、类复理石建造也基本上形成于同一构造环境；上覆震旦纪冰成岩系和碳酸盐岩建造及晚期含磷（钒、铀）建造更具有广泛的一致性。总的来看，晋宁—塔里木运动使扬子—塔里木地块基底褶皱固结，转入稳定盖层发展阶段。这一运动对华北地块也有着重要影响，主要表现为震旦纪整体抬升，未接受 600～800Ma 期间的沉积。扬子—塔里木地块与华北地块组成了中国早期的稳定的统一陆壳。晋宁—塔里木运动的变形域已卷入华北地块西南，从北山—阿拉善南部—伏牛山一线，前震旦纪的中新元古界已明显变形变质，且成为扬子—塔里木地块北缘的组成部分，其后为震旦纪沉积区。这个带向北有可能伸入到准噶尔盆地东缘。

1.4.2 志留纪与泥盆纪之间的构造运动(海西运动第一幕)

这是早古生代末期的一场重要的构造运动,在各陆壳上普遍存在。但不同地块或同一地块的不同地带,构造运动的强度和表现形式是不相同的,其发生和结束的时限亦有所差异,因而不同地块、不同地域的名称也不统一。比较有代表性的为中国西北地区的祁连运动和华南的广西运动,表现为早古生代晚期的褶皱变形作用;华北地块内则表现为晚奥陶世至早石炭世期间的整体抬升、剥蚀,缺失上奥陶统—下石炭统,中石炭统沉积与下伏中奥陶统间为区域性平行不整合接触。

华夏地块、扬子地块周缘和内部一些活动地带中,于志留纪末发生的一次褶皱运动,使下古生界岩石强烈变形,伴有不同程度的动力变质作用,并有中酸性岩浆侵入及显著的断裂活动和断块隆升。如在北秦岭带、龙门山—玉龙雪山带和下扬子东缘与华夏地块内,形成紧密线型褶皱与大型断裂带;扬子地块西部及西南缘的哀牢山带、紫云—罗甸断褶带等,泥盆系与下古生界间呈现显著的不整合接触,四川盆地抬升,其邻近的大巴山、大娄山等地区也普遍上升,但无明显变形,中下泥盆统与志留系多为侵蚀不整合。下扬子地块内与之类同。

1.4.3 天山运动(海西运动第二幕)

这是晚古生代中后期的一场重要的构造运动。由于加里东运动对中国陆壳的强烈改造,华夏地块与扬子地块结合为一体,使中国东部和东南部边界条件发生改变,加之印度地块与塔里木—扬子地块靠近及蒙古加里东弧型构造带的形成和发展,自晚古生代以来,逐步改变了中国陆壳结构的格局。晚古生代早期,中国陆壳总体由隆升转为稳定沉积,在一些加里东活动带中还有继承性活动,升降活动频繁。泥盆系多为山前—山间陆相或陆相—滨海陆棚相碎屑岩建造,基本上没有正常的海相碳酸盐岩建造,不少地区还缺失。在晚海西运动它们主要发生在早、晚二叠世之间,前者表现为褶皱变形及岩浆活动,具显著不整合关系;后者主要表现为隆升间断,为局部不整合关系。在华北地块上仅表现为微弱间断。虽然各地表现不一,但总体反映了这场运动对中国陆壳的广泛影响。天山运动表明,自晚古生代中后期开始出现两个纬向带系以来,经过多次活动后,到晚二叠世初由西向东逐渐成形,经变形形成褶皱带并伴有较强烈的岩浆侵入活动,被晚二叠世稳定型碎屑—碳酸盐岩建造所不整合覆盖。这一时期还有若干近南北向的高原玄武岩带出现,最显著的是沿川滇南北带形成了峨眉山玄武岩带、攀枝花—西昌地区的含钒钛磁铁矿的基性侵入岩带和金沙江—临沧构造岩浆动力变质带等。这里需要指出的是,中国陆壳晚古生代的构造运动,不少地区不是结束在晚二叠世与三叠纪间,而是在早、晚二叠世间,而晚二叠世—早三叠世多为连续沉积,更无不整合存在。

1.4.4 中晚三叠世的构造运动

是指三叠纪发生的一次强烈的构造运动,其主幕发生在中晚三叠世或晚三叠世中晚期。这场运动，使亚洲大陆与太平洋地块之间构造体系演化进入一个新的阶段。在中国陆壳、东亚濒太平洋地区和印支地区，都有强烈而明显的踪迹，最突出的是横贯中国中部的两个东西向构造体系的发展和定型、中国西南部特提斯构造带的崛起、东部北东向构造的定型和大陆南缘印支期活动构造带的形成，造成晚三叠世瑞替克期—早侏罗世里亚斯期的沉积广泛地不整合于中晚三叠世强烈变形变质岩系之上，除西部特提斯域演化为活动型海相沉积环境外，中国大陆其余地区均结束了海侵而转为造山后的陆相含煤沉积。晚三叠世末印支尾幕的再次变形之后，西南部海水继续向西退缩至藏南一隅。伴随印支运动广泛发育中酸性岩浆侵入活动和构造动力变质作用。

中国陆壳经过了强烈而广泛的印支运动后，基本上铸成了现今的统一陆壳，三大构造域夹持的边界条件已成定势。其后的燕山运动和喜马拉雅运动，多在印支格架的基础上改造与发展，仅有一些局部性或区域性改变。所以，印支运动是中国陆壳演化史上又一次重大的变革，它可与吕梁运动、晋宁运动相媲美。

1.4.5 侏罗纪与白垩纪之间的构造运动

一般认为燕山运动为侏罗纪—白垩纪广泛发育于中国全境的重要构造运动，主要表现为褶皱断裂变动、岩浆侵入与喷发活动及部分地带的变质作用。它不仅是中国陆壳的一次重要构造运动，而且对濒太平洋地区和中特提斯构造域都有重要影响。由于这场运动在各地区的表现特征、变形强度不一，因而在构造期幕的划分上存在一些分歧，一般划为 3 个较强的褶皱—断裂形变期，两个较弱的变形期(共分 5 幕：中晚侏罗世、晚侏罗世—早白垩世、白垩世、晚白垩世—古近纪)，以晚侏罗世—早白垩世间岩浆活动、构造变形最为明显。但对于晚白垩世与古近纪间的运动特点和表现方式，尚存较大分歧。因晚白垩世和古近纪间的沉积环境基本一致，且地层多为连续沉积或无明显间断，更无区域性不整合存在。

中国的燕山运动，实际是印支运动的继续和发展，由海西期—印支期南北均衡挤压转为非均衡的挤压兼扭动环境，到燕山期以非均衡扭动为主，变形特点由强塑性为主转向脆塑性形变为主。燕山运动不仅产生了新的构造型式，而且强化和承袭了一些早期构造类型和构造型式，铸成了现今中国陆壳的构造面貌。

1.4.6 古近纪与新近纪之间的构造运动

这是新生代以来中国陆壳发生的构造运动，它使中生代的特提斯海域变成巨大山脉，使濒太平洋的沟弧盆地形成和发展。其主要变形变质事件发生在渐新世初至中新世初。西藏地区从渐新世开始海水全部退出，继之则为剧烈的变形变质作用，表现为强烈的褶皱、断裂活动和中酸性岩浆侵入、动热变质作用，后期形成大规模逆冲、推覆与滑覆构造，导致青藏高原地壳大幅度隆升和东西伸展，引发物质侧向运移，致使其东部陆壳围绕西藏地块顺时针方向旋扭运动，使帕米尔—喜马拉雅地区成为世界上最高、最年轻的褶皱山系。中国东部受太平洋构造域的制约，在新近纪和第四纪初形成近南北向的中国台湾—菲律宾褶皱山系，中国南部大陆架的北东—北北东向构造带和东亚岛弧带进一步发展。

喜马拉雅运动第一幕发生在新近纪、古近纪之间，造成新近系、古近系间强烈不整合接触。第二幕发生在中新世与更新世间，东南海域和中国台湾—菲律宾一带，又称台湾运动，在更新世之前到达剧烈活动阶段，更新统强烈不整合在上新统之上，不仅有褶皱变形，而且有高压动力变质岩带出现。第三幕从更新世至今，西部高原在南北向挤压及不均衡旋扭应力作用下急剧隆起，老断裂再次活动，部分地区有第四纪火山喷发，东缘地带走滑活动较显著；东部地区在太平洋地块作用下，遭受以东西向为主的挤压作用，沿早期北东—北北东向断裂带产生右行走滑，形成一系列次级拉分盆地，使早期断裂的力学性质、运动方式发生转变。直到今天，它的活动仍很强烈，对区域内地震活动及其他地质灾害有重要的控制作用。

本书首次系统建立了全球八大构造体系类型：①东西向构造体系；②南北向构造体系；③北东向构造体系；④北北东向构造体系；⑤北西向构造体系；⑥山字型构造体系；⑦S型或反S型构造体系；⑧旋扭构造体系。主体构造体是东西向和南北向构造体系。

本书提出了各构造体系强化特征：阶段性、继承性、差异性、迁移性及转换性5种特征，显现出各构造体系的复杂性。指出了构造体系控制各大小地块的成生演化，而各地块又控制和影响构造体系形成和演化，它们相互作用造就了现今的全球构造格局及海陆变迁和演化。

构造体系的形成演化控制各时代沉积及原型盆地的形成，亦控制全球能源矿产和金属矿产的形成、改造和定型，而且构造体系控制矿产分布是很有规律性的。

本书的出版是一个开拓创新的杰作，是对全球地质学的一个重大贡献。

2 东西向构造体系

东西向构造体系是全球性的构造体系，它们沿一定的纬度线环球分布，就现今资料看，纬度大致每隔8°～10°出现一个强烈挤压构造、岩浆活动及变质带，它们的主体是由走向东西的各种褶皱带、挤压性断裂带及岩浆岩等构成，同时有扭性断裂与之斜交，有张性断裂与之垂直相伴；带内一般都包容或归并一些古老地块或岩块，并有一些东西向槽地或盆地沿带断续展现；因其规模巨大，影响地壳深度都较大，不仅广泛发育中酸性岩浆岩，而且还有较广泛的镁铁质、超镁铁质岩浆岩沿构造带断续出现，相循成带分布；同时有广泛而强烈的塑性—脆性形变，常有规模较大的构造动力变质岩带出现，如低温高压变质岩带、大型韧性剪切带、混合岩—重熔型花岗岩带等。每个构造带自成一个体系，它们沿一定纬度延伸，横亘大陆和大洋，在地球上广泛分布。因其他构造的干扰和地块沿南北向的滑移或偏转，各区段现今所处纬度有较大差异，方向也不全是正东西延伸，越是早期的构造滑移偏转越大，某些片段常被较新的东西向构造带所包容；现今展现于地球上面的这类巨型构造体系，多是在晚古生代—中新生代形成的，一部分有其继承性，它们在走向上呈波状弯曲，有时呈正弦状，由于有些地段沿东西向断裂带滑移（走滑）或沿南北向滑移，在带内常产生若干次级派生扭动构造体系。上述这些复杂因素使其结构面复杂化，故又称巨型东西复杂构造带。它们的形成受地球自转产生的东西向协和函数带所制约，故有其鲜明的定向性和定位性。它们都具有环球性分布特点，大体沿一定间隔的纬度分布，一般况下在中高纬度区大致每间隔8°～10°出现一个较强的挤压性构造带，与临界纬度相一致。

现将东西向构造体系自北而南概述如下。

2.1 北极地区东西向构造体系

北纬70°左右发育一系列环北极近东西向展布的盆地，如西西伯利亚盆地、东西伯利亚盆地，拉特捷夫盆地、科壳马盆地、东西伯亚海北极斜坡盆地、维多利亚盆地等（图2-1）。各盆缘造山带、断裂带及岩浆岩带等基本成东西向展布，已知的盆内构造格局也成近东西向展布。

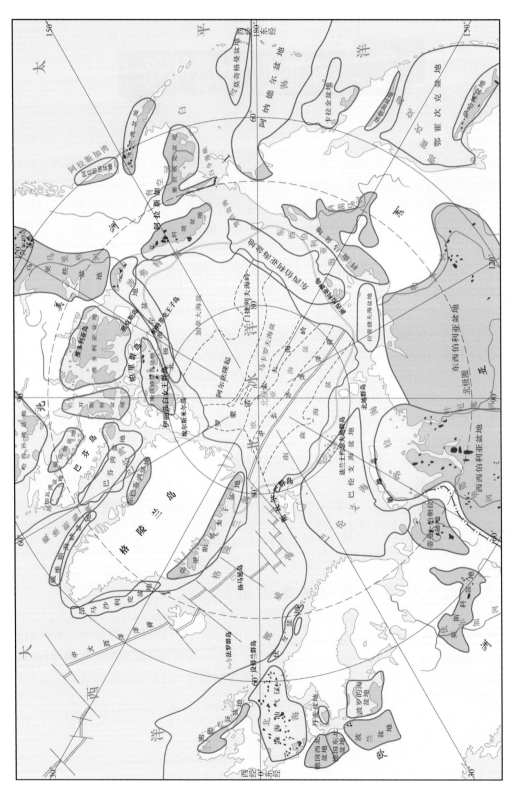

图2-1 北极东西向构造体系与盆地分布图

2.2 中国境内东西向构造体系

在中国境内发育的明显的东西向构造体系，自北而南有伊勒呼里东西向构造体系、阴山—天山东西向构造体系、昆仑—秦岭东西向构造体系、南岭东西向构造体系及西沙东西向构造体系(图 2-2)。现将它们的主要特征概述如下。

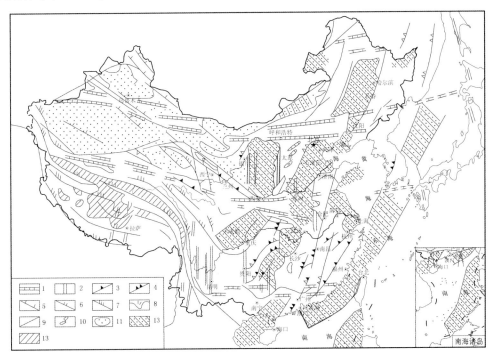

图 2-2　中国主要构造体系与古生代大油气田分布示意图(据孙殿卿，修改)

1—东西向构造体系；2—南北向构造体系；3—华夏系；4—新华夏系；5—西域系；6—河西系；
7—青藏川滇反 S 型构造；8—山字型及弧型构造；9—其他构造；10—多字型盆地；11—西域构造体系
控制的油区；12—新华夏构造体系控制的油区；13—帕米尔—喜马拉雅反 S 型构造体系控制的油区

2.2.1 伊勒呼里东西向构造体系

该带展布于北纬 50°~52°，在大兴安岭以东的伊勒呼里山和小兴安岭北段表现比较明显，总体是一个复式隆起带。它包括由东西向分布的元古宇、上古生界组成的复式褶皱和晋宁期、海西期花岗岩带及伴生的几条大断裂，白垩纪火山岩系亦被卷入，地貌上也是一个隆起带。这个带可能成生于晚古生代或更早一些，燕山期有过活动，现代地壳运动中仍有所表现，被北北东向系一级隆起带、沉降带穿切破坏，延续性较差。

该带向西沿俄蒙边境构成近东西向的唐努—肯特构造带，大致和横过比利时的阿尔摩利加褶皱带相当。这一古生代褶皱带可能沿大西洋北部海底高原纽芬海堤有相当发展。在北美加拿大的魁北克和安大略，物探揭示有东西向重力异常带，可能为其踪迹。看来它是具有环球性的东西向构造带之一。

2.2.2 阴山—天山东西向构造体系

该构造体系的主体大致位于北纬40°~43°，在局部地区展布较宽或较窄，走向上亦有所起伏和偏转。它在中国境内绵延达4000km左右，是一个横贯中国北部的非常显著的构造带，在地貌上反映极为明显，在地质历史上起着重要的控制作用。它的西段包含整个天山山脉及塔吉克斯坦和吉尔吉斯斯坦的阿赖山、吉尔吉斯山脉；向东至甘肃北山被巴丹吉林沙漠所覆盖，经雅布赖山北与中段相接，大体沿中蒙边境南侧展布，经狼山、白云鄂博、阴山、大青山一带，过大马群山而与燕山相连；再向东被下辽河槽地压抑在新生界之下，但物探资料表明其具有较好的连续性，在铁岭地区亦有所显露；再向东过辽东、吉林南部经朝鲜北部入日本海，有日本海深海槽与之对应，构成其东段，日本北海道与本州岛以北地带，均有其踪迹可寻。

这一体系的组成特征之一是基底岩系广泛裸露，太古宇—古元古界深变质岩系组成的岩块和岩片沿此带断续分布，与之相应的中酸性岩体、岩带和混合岩带显露良好，它们共同组成了阴山—天山东西向构造带中的古老结晶基底。中新元古界沿带显露亦良好，但从岩相建造、变形变质特征看，天山—北山段（可能包括阿拉善地块）中新元古界褶断变形变质强烈，它们是经晋宁运动形成的区域性的褶皱基底；而阴山—燕山段则有着不同的发育历史，这个带及其以南地区为华北地块，中新元古界为稳定的盖层沉积，直至印支运动前本区无明显构造变形变质作用及岩浆活动，长期处于较稳定的沉积和抬升环境。西段和东段、中段经过晚海西—印支运动逐步形成统一的阴山—天山东西向构造体系，燕山运动和喜马拉雅运动使该体系得到加强和发展。由于它们经历了多次构造运动和包容了一些老的岩块、岩片，也归并了一些早期构造形迹、形体，再加上后期其他构造体系广泛的复合、改造，因而使其结构复杂化，变形多样，韧—脆性变形发育，低温高压动力变形变质带规模较大，且保存良好。这里仅选择几个有代表性的地段作概略介绍。

1. 天山构造带

在新疆境内天山—阴山东西向构造带（简称天山东西向构造带）的空间展布总体向北挪动了约100km，该段大体介于北纬40°40′~44°，个别地段更靠北一些。该带处于准噶尔地块与塔里木地块间，近东西向展布，向西经哈萨克斯坦、吉尔吉斯斯坦继续西延，向东经新疆、甘肃北山，被巴丹吉林沙漠所掩盖。天山东西向构造带具有复杂的结构，除东西向主干构造形迹、形体外，与之斜交的两组北西—北西西向右行扭性、扭压性断裂带和北东—北东东向左行扭性、扭压性断裂带比较发育，规模也较大。它们主要由东西向压性构造带的两组扭裂面发育而成，早期的呈北西西和北东东向，晚期的呈北东、北西向伸延。另外，还有北西向构造体系与之复合。这个带归并和包容了一些前古生代形成、现今呈近东西向展布的构造形迹、形体（它们沿复背斜带轴部断续出露），以及一些东西向的岩石圈深断裂带。同时有一些近东西向中新生代盆地和槽地沿带断续相循，组成东西向复式向斜带。依其发育历史和展布特点，自北而南大致可分为：阿拉套—博格达—哈尔里克褶断带、巩乃斯—新源坳褶带、吐鲁番—哈密山间坳陷带、哈尔克山—巴音布鲁克褶断带、觉罗塔格—黑鹰山褶断带、库鲁克塔格—马鬃山隆褶带等二级构造带。

鲁克塔格—马鬃山隆褶带处于塔里木盆地北缘，为天山东西向构造带之南缘断褶隆起带。地表部分西起库尔勒经库鲁克塔格、星星峡，至甘肃马鬃山五道明以东，隐伏于巴丹吉林沙漠之下，再往东与内蒙古阴山隆起带相连接。区内出露的最老结晶基底岩石为托格杂岩。其下部由一套中—深变质角闪岩相组成，其上被古元古界兴地塔格群不整合覆盖。兴地塔格群原岩为中—基性火山岩和陆源碎屑岩。太古宇—古元古界中的褶皱、片理、片麻理多为近东西向展布。新元古界青白口系和震旦系在本区都有出露，青白口系帕尔岗塔格群为稳定型浅海台地相砂岩、含叠层石白云质灰岩。其中以北山地区出露较全。

早古生代广泛接受浅海碳酸盐、炭质、泥质沉积，底部含磷、铀、钒等较高，中奥陶世后，库鲁克塔格南一方山口带为巨厚浊积岩，马鬃山复背斜南北两侧下部以笔石相为主，上部以头足类及三叶虫为主，均属华南生物群；志留系为活动型含笔石页岩建造，向上过渡为海陆交互相至陆相红色碎屑岩沉积，与中下泥盆统类磨拉石建造为过渡关系。在泥盆纪末本区褶皱固结而成为相对稳定的陆壳，晚古生代到中新生代长期处于相对隆起状态，只在库车、轮台一带局部下沉，形成拉伸—断陷盆地沉积。但在北山地区石炭系为活动型海相沉积，以碎屑岩、灰岩、火山岩为主，厚度达 6000m 以上，表明石炭纪似乎尚未形成统一的东西向沉积环境。早二叠世为海相中基性、酸性、基性火山岩。晚二叠世陆相火山岩以中酸性为主，中基性次之，主要发育在北山南部，分布在柳园—大仓褶皱带内形成长达 100km 的火山岩带。本带侵入岩十分发育，超基性、基性、中酸性及碱性岩均有出露，但花岗岩占绝对优势。

2. 阴山—燕山构造带

天山—阴山东西向构造带中段从阿拉善向东，过狼山，沿阴山山系和燕山山脉，直至下辽河槽地西侧，东西向构造形迹清楚连续，这是天山—阴山东西向构造体系的主体之一。其北界大体沿中蒙边境一线东西延伸，过索伦山，经二道井、查干诺尔、达来诺尔，沿西拉木伦河入松辽平原；南界从巴丹吉林沙漠雅布赖山北侧，过磴口、东胜隆起北侧，越太行山进入华北平原北缘延入渤海湾。其间受到北北东向系贺兰山—锦屏山断隆带和兴安—雪峰断隆带的穿切和改造，部分地段显得分散、断续，但总体上是连续性较好的、规模宏伟的东西向构造变形变质带和岩浆活动带。根据构造发育历史及建造特点，它又可分为南北两个亚带。

北亚带介于北纬 42°00′~43°40′，展布于索伦山、满都拉、温都尔庙、翁牛特旗、库伦旗等地。东西长 1320km，南北宽 50~200km。北界西起二连浩特、苏尼特左旗南部，至西拉木伦河；南界从狼山、白云鄂博北侧阿贵、化德、赤峰至彰武，即所谓槽台界线，这既是一条边界断裂，又是一条岩相突变带，呈波状东西向延伸。自南向北，北亚带主要构造成分包括镶黄旗—库伦旗褶断带、索伦山—林西褶断带、艾力格庙—二道井褶断带、西拉木伦河褶断带、苏尼特左旗中部推覆构造带等。其间发育有桑根达莱白垩纪断陷盆地、浑善达克新生代裂陷槽地等。槽地内部次级隆起与凹陷长轴也呈东西向，而且它们常常受东西向隐伏断裂所控制。该亚带具有如下变形特征：褶皱带为主体。阴山东部推覆构造主要发育在察哈尔右翼中旗苏勒图侏罗系含煤盆地南北两侧。北侧为黑牛沟—盘羊山—乌兰乎雅冲断带，东西延伸 50km 以上，断面向北倾，老地层由北向南推覆在新地层之上，形成飞来峰。苏勒图盆地南缘冲断带东西延伸 60km 以上，断面均向南倾斜。它与北侧冲断层形成南北对冲型推覆构造(图 2-3)。

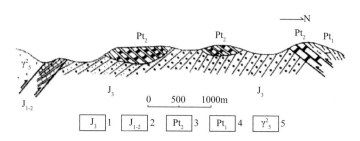

图 2-3 苏勒图地区小白兔子沟对冲型推覆构造剖面示意图

前已述及，阴山地区隆起带上，上石炭统—中下侏罗统含煤盆地南北两侧冲断推覆构造极发育，均为叠瓦式对冲型推覆构造，反映中生代以来本区发生过多期强烈的垂直山链的南北向水平挤压运动。

另外，在造山带中部可能存在科伯构造。如三合明南，东西走向两组断裂带局部被白垩纪盆地不整合覆盖。其北侧断层面南倾，由南往北二道凹群推覆于海西期花岗岩之上；南侧断层面北倾，由北向南古元古界二道凹群推覆于中元古界白云鄂博群之上，形成反方向冲断带，断续延长 180km。往西潭尔泰山书记沟组出现蓝晶石片岩，东翼北隆起带上沿隆化—大庙断裂亦有蓝晶石糜棱石英质片岩，并有混合岩化(同位素年龄为 230Ma、236Ma)和碱性花岗岩(217Ma、223Ma)。

综上所述，推测北纬 41°00′ 左右可能为印支期造山带的中轴线，阴山—燕山东西向构造带定型期，既不是前寒武纪也不是燕山期，而是印支期印支运动主幕。

3. 辽东—吉东构造带

该段系指下辽河以东地区，为天山—阴山东西向构造带东延部分。其北界在昌图—磐石、桦甸—安图—汪清一带，大致为北纬 43°00′ 左右；南界在辽南瓦房店—庄河一线，北纬 40°00′ 左右或更南一些。由于受北东—北北东向构造带的切截、改造，东西向构造形迹分散，方位也有不同程度的改变。

北亚带双阳—延边褶断带包括：①开源—梅河口断裂带；②双阳—延边断褶带；③安图新合—珲春马滴达断裂带。

南亚带铁岭—太子河褶断带展布于华北地块内部，主要构造有：①铁岭褶皱带；②太子河坳褶带；③兴华—白头山天池断裂带；④大泉源—长白山断裂带；⑤南孤山燕山期杂岩带；⑥柏林川印支期碱性杂岩带(208~223Ma)；⑦双牙山—大堡印支期岩浆岩带(220~226Ma)；⑧步云山褶皱带；⑨芙蓉山构造岩浆岩带(207Ma)；⑩瓦房店—庄河构造岩浆岩带(200~213Ma)；⑪金州—董家沟韧性断裂带等。

4. 天山—阴山东西向构造带

研究表明，天山—阴山东西向构造带并不是从太古宙以来就存在，它经历了多次构造运动，于晚海西期—印支期成型定型，燕山期得到加强，伴有多期沉积作用、变质作用、岩浆活动、壳幔物质演化与成矿作用以及挤压与拉张体制交替的造山作用。各阶段演化史不尽相同，以阴山—天山为中轴，由南向北、由西向东发生发展。天山—北山段由海西晚期变形变质而定型，印支期表现不明显；在阿拉善地区有印支期中酸性岩体侵入，反映印支运动的存在；到狼山以东印支运动是其主要变形期。但它们的雏形则出现于早中海西阶段，构成石炭纪—二叠纪北海南陆或北部活动带与南部稳定区的主要分界带。

就建造与构造的关系而言，构造控制建造，建造在一定程度上反映构造。即巨型的形变带是沉积形成的前提，同时形成过程中表现出的岩相、厚度、建造特点又在一定程度上反映出巨型变形带的展布和演化特点。关于不同时期古方位的恢复有待今后进一步研究。这里只能按现今展布状况进行简要论述。

华北地块经历吕梁运动之后，中新元古代时期出现不连续东西向隆起与坳陷。中段和东段叠加有北东向隆坳带，西段有北西向隆坳带。中元古代—早古生代接受了不同类型的沉积。

南亚带，早印支期为主造山期，不仅使中新元古代—中三叠世地层一起卷入褶皱，而且使古老结晶基底地块、岩块不同程度地卷入，阴山地区盖层褶皱与基底褶皱构造皆为东西走向，两者为重接。这套褶皱地层普遍遭受低绿片岩相低温动力变质作用。东西向变形变质带上，出现蓝闪石、蓝晶石、硬绿泥石等，属中高压系动力变质带。此外，在西斗铺—三合明南、辽南金州的韧性变形带，表明印支期形变属中深构造层次，可达下地壳—上地幔。天山地段在秋明塔什—黄山一线有长达 600km 以上的韧性剪切带，发育于上古生界中，沿巴音布鲁克带等地有蓝闪石片岩出露。另据燕山地区有限应变量测量结果，中元古界雾迷山组、洪水庄组，Z 轴缩短量为 17%～24%，中石炭统—下三叠统，Z 轴缩短量为 47%～57%，区域古差应力值为 20～50MPa。

综上所述，天山—阴山东西向构造体系的形成和演化过程经历了南北向拉张与挤压体制多次交替。现已查明其形成期(或称定型期)为晚海西期—早印支期，通过归并、包容、拼贴与焊接等方式形成复合型造山带。其主要造山作用为沉积期裂陷闭合式造山作用和定型期挤压造山、对冲式与科伯式造山作用和热隆造山。晚印支期—燕山期沿天山—阴山东西向带中部形成东西向的内陆含煤、油气盆地，褶皱较为开阔，伴有逆冲推覆作用。

2.2.3 昆仑—秦岭东西向构造体系

昆仑—秦岭东西向构造体系，横亘中国大陆中部，西起帕米尔，东达南黄海，形迹清楚而连续，在中国境内绵延 4000km 以上，规模十分宏伟。它构成晚古生代以来中国大陆南北地质构造和现今自然地理景观的天然界线，也是华北地块与塔里木—柴达木地块走向共同发展，于晚古生代—早中生代以该带为轴线形成南海北陆的主要界线。由于后期构造体系的叠加改造与复合穿切，加之各区段地块滑移的不均一性，因而其结构面貌较为复杂，走向上不仅波状起伏，而且各段在纬度带上相差较大。西段因帕米尔高原隆升，新疆南部和田弧型构造的形成，因而显著向北挪动，达北纬 37°左右。东昆仑—秦岭段则展现于北纬 32°～35°之间。该构造体系向东经南黄海和济州海峡与日本本州东西向构造带相连接，向西过中央帕米尔与喀布尔—德黑兰东西向构造带连为一体，更西可能与地中海东西向构造相循。该带变形变质强烈，逆冲推覆构造发育。基本上反映了昆仑区段的变形特点。

就中国境内而言，"昆秦带"大体可分为如下几个区段，现由西向东简介如下。

1. 西昆仑山构造带

此区段系指阿尔金—库牙克断裂带以西的西部昆仑山区，呈巨型反 S 型褶皱山系和断隆带，屹立于塔里木盆地的西南缘，南与康西瓦深断裂和喀喇昆仑褶皱系为邻，北邻塔里木盆地西南坳陷。其主体展现于北纬 35°~37°。这一地区与塔里木盆地具相同的结晶基底和褶皱基底，属塔里木地块的大陆壳。由北而南可分为以下 3 个带。

1) 铁克力克断隆带

铁克力克断隆带或称北昆仑断隆带，位于塔里木盆地西南缘，呈向南突出的弧形带，南北分别以赛拉加兹北侧断裂、柯岗断裂与塔里本南缘坳陷和卡尔隆。库尔浪褶皱带为邻。它是镶嵌于两者之间的稳定地块。前震旦系构成断隆带的主体，震旦系及古生界分布于断隆的边缘，为稳定型盖层沉积。古元古界是以片岩、片麻岩为主的中深变质岩系，中新元古界变质较浅，震旦系为未变质的白云质、硅质碳酸盐岩和碎屑岩，中上奥陶统和上古生界为浅海—海陆交互相的碎屑岩和碳酸盐岩。该带内岩浆活动微弱，仅见闪长岩、花岗闪长岩及二长花岗岩等小岩株，呈近东西向带状分布于古元古界中，被石炭系沉积不整合覆盖，可能为加里东期—早海西期产物。

断隆带内构造比较复杂。前震旦系的褶皱紧闭，轴向与山体基本一致，西段北西西向，东段近东西向，且均有向盆地倒转之势。震旦系及以后地层的褶皱宽缓，断裂发育，可分两组。一组为近东西向平行展布，与褶皱轴向基本一致，多为指向盆地的挤压性逆冲断裂，形成时间较早；另一组为北北西向断裂，以右行走滑为特征，形成于中新生代。前者为昆仑东西向构造带的成分；后者可能为帕米尔—喜马拉雅反 S 型构造体系头部外围组分，但它们更主要的是受和田弧型构造带的归并改造所致，对塔里木西南缘坳陷盆地起重要控制作用。如果追溯其早期历史，它应是中元古代的陆间活动带，向东与阿尔金山陆间活动带连为一体，并一度表现为洋壳的、半环绕塔里木地块的活动带；经阿尔金—塔里木运动褶皱隆升，它成为塔里木地块南半部弧型构造带，构成和田弧型构造带的基础；到古生代，尤其是晚古生代，该弧型隆断带前弧地带被归并改造成为昆仑东西向构造体系的组成部分，形成铁克力克东西向断隆带。

2) 恰尔隆—库尔浪褶皱带

该带北以柯岗断裂与铁克力克断隆带相邻，南以布伦口断裂、卡拉克断裂与公格尔—桑株塔格隆起带相邻，向西经帕米尔出境，向东在布牙附近不见踪迹。它是塔里木地块解体后形成的裂谷式活动型褶皱带。其基底属塔里木地块的大陆壳，奥陶纪末在南北断裂间形成海底地堑，经志留纪—石炭纪多次活动，于早二叠世中晚期褶皱。褶皱基底由中新元古界组成，各岩系多为中压角闪岩相—角闪岩相变质岩。中下奥陶统为稳定型沉积；志留系、中泥盆统具类复理石建造特征；上泥盆统为海陆交互相复陆屑建造、类磨拉石建造，与下石炭统整合过渡；下石炭统为碳酸盐岩建造、碎屑岩建造、中基性火山岩建造，在古勒滚涅克沟一带发育一套深海相枕状玄武岩(厚达 2100m)、铁硅质岩、安山岩、英安岩、霏细岩、凝灰岩；中上石炭统由滨海—浅海相碎屑岩、碳酸盐岩组成，化石丰富；二叠系下统为磨拉石建造，不整合于石炭系之上；三叠系上统为陆相含煤建造及陆相火山岩建造。

区内岩浆活动主要为石炭纪和二叠纪的基性火山喷发和酸性岩浆侵入。石炭纪出现巨厚的枕状玄武岩、铁硅质岩，火山活动具有陆壳型—过渡壳型—洋壳型的演化规律。海西中期侵入岩主要为钙碱系列造山花岗岩类，获有 $297\sim364Ma$ 的同位素年龄值。海西晚期侵入岩为斜长花岗岩类，属钙碱性、铝弱饱和，具多相分异特征，可能代表二叠纪的拉张环境，似为陆内裂陷作用的产物。

本亚带内的主要变形有阿克萨依巴什山复向斜、恰尔隆复背斜、库尔浪复背斜、克孜勒陶山间坳陷等及其间的主要断裂带，这些复式褶皱都是晚古生代时期形成的。山间坳陷带也是海西褶皱基础上的印支期坳陷。

3）公格尔—桑株塔格隆褶带

该隆褶带位于公格尔—慕士塔格—桑株塔格一带。北以布伦口断裂、卡拉克断裂与恰尔隆—库尔浪褶皱带为邻，南以康西瓦超岩石圈断裂为界，与喀喇昆仑褶皱系分开，东抵库牙克断裂（阿尔金断裂带南段）西侧，向西延入帕米尔以西。

该隆褶带大部分由前寒武系组成，仅出现少许下古生界盖层。中奥陶统和志留系次活动型海相变质碎屑岩夹碳酸盐岩不整合于长城系之上。上泥盆统为一套陆相—海陆交互相红色细碎屑岩建造。

该隆褶带在前寒武纪时与塔里木地块是一整体；加里东期沿隆褶带南北两侧基底断裂带拉张下沉，在恰尔隆—库尔浪一带形成地堑；海西期继续发展扩大，致使本带与塔里木地块分离，长期处于隆起状态，缺失石炭纪、二叠纪和中生代沉积；晚二叠世，该带与塔里木地块再次连为一体；喜马拉雅运动时期，由于受帕米尔—喜马拉雅反 S 型构造体系的影响，沿深断裂发育新生代基性火山喷发，尤以其边界断裂——康西瓦超岩石圈断裂带更为突出。因此在该隆褶带内，除隆褶带中部有被青白口系不整合覆盖的元古宙第二期片麻状花岗岩类外，主要为沿康西瓦断裂北侧发育的海西期—印支期侵入岩，中酸性岩的同位素年龄为$202.3\sim277.7Ma$ 及 $297\sim346Ma$，在库地一带见发育较好的蛇绿混杂岩顺康西瓦超岩石圈断裂带分布。此隆褶带前人曾称为"西昆仑隆起带"。

2. 东昆仑山构造带

本区段包括库牙克断裂带以东的整个昆仑山系，其主体分布于祁漫塔格南缘、柴达木盆地南缘和可可西里山系间，向东还包含布青山、西倾山一带的近东西向构造形迹、形体。由于该区受早期北西向构造体系制约，后期受青藏川滇反 S 型构造体系的叠加改造，以及川滇南北向构造体系的干扰，使构造形迹及变形变质作用比较复杂和不连续。它的一部分与北西向构造带斜接－重接复合，如祁漫塔格褶皱带、博卡雷克—阿尼玛卿断裂带、阿尼玛卿断褶带等；另一部分则被青藏川滇反 S 型构造体系的北西西—东西向构造带斜接－重接复合，如昆仑山与可可西里山间，至曲玛莱巴颜喀拉山以北地区。在若尔盖—西倾山一带还受川滇南北向构造的干扰和影响，因而东西向构造连续性较差，但仍断续相循。该区段的主要东西向构造形迹、形体有祁漫塔格—北昆仑构造带、中昆仑主脊断裂带、阿尔喀山—布尔汗布达褶皱带、木孜塔格—鲸鱼湖—秀沟断裂带、可可西里复式褶皱带及西倾山—积石山断褶带等。

3. 西秦岭构造带

秦岭—昆仑东西向构造体系在西秦岭地区主要展现在甘肃南部，即北纬 32°30′～35° 之间，一部分在川西北呈向南突的弧形展布，纬度略微靠南。根据沉积建造、岩浆活动、变质作用和构造变形特征，大体以渭河坳陷为界，可划分为南北两个亚带。

组成北亚带的岩层以前长城系牛头河群和长城系为主，古生界除泥盆系外，其他地层均可零星见及。甘谷—武山断裂带以南的天水东南地区，处于早期北西向构造体系北祁连褶皱带、祁吕贺兰山字型西翼近弧顶部位，东西向构造与它们斜接－重接复合，构造形迹不易区分。但与之相关的岩浆岩带各有其空间展布。如加里东期中酸性岩浆岩类，明显表现为北西西向带状分布；而海西期，尤其是印支期和燕山期中酸性岩浆侵入体，则表现为东西向带状分布，大体以同仁—武山—甘谷断裂带为界，且沿此断裂带有海西期超基性岩体分布。自燕山运动后，该区逐渐成为内陆坳陷——渭河坳陷，沿渭河广泛发育了中新生代巨厚的陆相碎屑建造和黄土建造。由于早期的北西向系、后期的祁吕贺兰山字型西翼、晚期陇西旋扭构造体系和北北东向构造体系西缘带的干扰和穿切，是北亚带特征不醒目。

南亚带处于北纬 32°30′～34°30′，北邻渭河坳陷，南达川西北红原弧，东西绵延 500km 之余，南北宽 100～200km。其东段与祁吕贺兰山字型前弧褶皱带、北北东向系等复合；西段受北西向构造复合致使西倾山一带构造线自东而西由东西向偏转为北西西，而达积石山一带斜接－重接复合，在沉积上亦有所表现。此外在西倾山一带还受到早期南北向带的干扰和挽近期南北向带活动所波及，表现为南北向地震活动带。该亚带总体呈东西向，但有时呈向南突出的弧形展布，是秦昆东西向带在本区段的主体。该亚带以由古生代及三叠纪海相地层组成的褶皱、断裂和海西、印支期及燕山期岩体为主体。甘肃区域地质志依其构造形迹、形体组合特征，由北向南划分为下列 4 个构造带：美武新寺—大草滩复背斜、碌曲断裂带，玛曲—武都指断带，文县—康县褶断带等。

综上所述，西秦岭地区的东西向构造体系发生于晚古生代，三叠纪发育成熟定型，三叠纪后继续活动但相对较弱。

4. 东秦岭构造带

东秦岭地区的东西向构造带，展现于北纬 31°50′～34°40′ 的华北地块与扬子地块间，北部基底属华北型，南部基底属扬子型。它斜接复合于古北西西向祁连—秦岭—桐柏构造带之上，北部又被祁吕贺兰山字型前弧构造斜接－重接复合，还被北北东向和南北向构造体系反接复合，西段还有龙门山北东向系斜接复合，南侧有大巴山弧型构造的影响。因此其构造面貌较为复杂，带中不仅包容了一些古老的(前古生代)地块、岩块，还为后期构造所叠加改造，以致人们对本区构造格架及演化历史的认识存在不少分歧。就现有资料看，人们所习称的秦岭褶皱系，实际上应包含两大构造系：其一是加里东—中新元古代时期的现今展布方位为北西西向的构造带，或称秦岭—祁连—婆罗科努加里东地槽褶皱带，本书将其归入北西向系的主要构造带，将在北西向构造体系中加以讨论；其二是海西期—印支期秦岭—昆仑东西向构造体系，是本部分要介绍的主体。燕山期及喜马拉雅期因受东部太平洋构造域中北北东向系等的影响，北北东向带表现出明显的继承性活动。

东秦岭山地主要在陕西地区，向东伸入河南，没于华北平原之下，向西与甘肃南部和川西北的西秦岭自然连接。它是中国南北方地质、地理、气候的重要分界线。依据本区地质构造的形成演化、变形变质、岩浆活动等特点，自北而南将东秦岭的东西向构造划分为以下 4 个带：宝鸡—华县、纸房—永丰、太白—高县及徭填—山阳断裂带。

2.2.4　南岭东西向构造体系

该体系大致位于北纬 22°30′ ～ 26°30′ 及东经 99°00′ ～ 120°00′，其主体展布于北纬 23°30′ ～ 25°30′，西起中缅边界的横断山脉，经过南岭山脉，东至台湾，横贯我国南方 7 个省区，绵延 2000km 以上，宽约 200 ～ 300km。因受其他构造体系严重干扰，该构造体系之构造形迹分布较为宽散、断续，表现不如阴山—天山、秦岭—昆仑东西向构造体系那样明显、突出和连续。该体系主要由东西向褶皱、逆冲断裂带以及花岗岩带和变质岩带组成，总体表现为一个复式隆褶带。其西端因受川滇南北向构造体系的强烈干扰而不甚明显，向东则表现显著，在地貌上构成了长江与珠江水系的天然分水岭。南岭东西向构造体系主要成生于中生代，是一个较为年轻的巨型东西向构造带。根据其组成展布特征，一般划分为东、中、西三段。

1. 西段——滇黔桂段

西段大体位于滇西（三江）、川黔两个南北向构造体系之间的云南及黔西、桂西地区，限于北纬 23° ～ 26°30′，主要由一些近东西向复式隆褶带和逆冲断裂组成。由于其他构造体系的强烈干扰，该段西部大部分处于隐蔽状态，在滇西（三江）、川滇南北向构造体系之间的云南中、西部地区零星分布东西向构造形迹；重力资料显示该东西向构造带南界位北纬 23° 附近，对应东西向莫霍面梯级带，北纬 23° 以北地壳加厚，表明深部存在东西向构造带。在川滇、川黔南北向构造体系之间的滇黔桂地区，东西向构造形迹较为明显，复式褶皱带和冲断带比较发育。

2. 中段——南岭（湘桂粤赣）段

该段西界为川黔南北向构造体系，东界大致为将乐—龙岩南北向构造带的泰宁—龙岩南北向构造带，大体为北纬 22°40′ ～ 26°30′、东经 108° ～ 117° 的湘桂粤赣地区，主体为北纬 23° ～ 26° 的南岭地区。该区段是南岭东西向构造体系的主体部分，构造成分主要为东西向复式褶皱、逆冲断裂和花岗岩带，也有动力变质带、挽近隆坳带、南北向构造再褶等表现形式，规模巨大，形迹清晰，连续性好，并以宏大的东西向花岗岩带为重要特色。从北向南可以划分出阳明山—石城、九嶷山—大余、宜山—寻乌、大瑶山—佛冈—丰顺、西大明山—高要—惠来 5 个二级构造带（亚带），并以后 3 个构造带为主体，主带是大瑶山—佛冈—丰顺东西向构造带。

3. 东段——闽台段

该段大致包括北纬 23°30′ ～ 26°30′ 及东经 117° 以东的福建、澎湖列岛及台湾中北部地带，主要由一系列东西向逆冲断裂及一些复式褶皱、花岗岩体和火山盆地组成，动力变质带、温泉、震中、航磁异常及一些山脉水系的东西向展布，也是其表现形式。因受其他构造体系的干扰，断续相连。从北向南可划分为明溪—闽清、漳平—仙游、南靖—厦门 3 个东西向二级构造带，并大体与南岭东西向构造体系中段的东西向构造带相呼应。另外，在东南海域，还分布有澎湖—台中东西向构造带。

区域东西向构造带主要指那些断续分布于中国三大主要东西向带之间的一些较分散的、断续的但约略成带的、走向东西的构造带。其中较为显著的有：横过鄂尔多斯盆地中部和山西陆块中部、胶东半岛北缘的东西向褶皱带和青海北部中吾农山的东西向褶皱带。它们出现于阴山—天山和秦岭—昆仑两个东西向构造带间，断续延伸 2000km 左右；其次是出现于秦岭—昆仑东西向带与南岭东西向带间，北纬 28°～29°30′附近，断续出现于峨边、川南筠连—叙永和岳阳—九江的褶断带，在藏中地区北纬 30°左右也有表现，绵延近 3000km。此外，在兴凯湖西、大兴安岭中段、准噶尔北缘，即北纬 46°～47°，东西向褶皱、断裂亦断续有所显露，它们处于伊勒呼里东西向带和天山—阴山东西向带间；在中国大陆南缘的凭祥—信宜断褶带、雷州半岛断裂岩浆活动带亦断续呈东西向延伸。它们和主要东西向带一道反映了不同级别的东西向构造带的分布，大体具有等间距特征。

在中国境内五大东西向构造体系间，夹持着 3 个巨型的东西向构造地块，即最北边的准噶尔地块和松辽地块，中间的塔里木—柴达木盆地、阿拉善盆地、伊陕盆地和山西、华北平原地块，南部的藏北地块、四川地块、江汉地块。它们主要是晚海西期—早燕山期东西向构造体系褶断带间的一些沉降带，中晚燕山期以来，东部被新华夏的直剪扭动构造体系的隆沉带所分割，呈菱型块体的复合盆地或隆起地块，西部保留较完整。

前已提及，华北地块、塔里木两个地块在早古生代及以前的漫长地质时期并没有重要的成因联系，只是在石炭纪后期，伴随南北两侧巨型东西向构造体系的发生发展，华北盆地与塔里木—柴达木—阿拉善盆地、鄂尔多斯盆地才联为一体。3 个东西向沉降带，对中国陆壳上晚海西期以来的海陆格局起着重要控制作用，濒太平洋活动带和阿尔卑斯—喜马拉雅中新特提斯活动带的强烈活动，才改变了这种格局。

2.2.5 西沙东西向构造体系

位于北纬 15°～19°构造带：往西为老挝中部与柬埔寨北部扁担山等构造带；往东，穿过马尼拉海沟及吕宋岛北部与本哈木海隆相连，经中太平洋山脉、克拉里昂断裂，到中美帕拉斯地向斜、大西洋西部海地岛一带的隆起和波多黎海沟、阿拉伯东南部断裂、非洲尼日尔河、塞内加尔河东两向流域的构造带，都应是这一东西向带的组成成分。

2.3 北半球东西向构造体系

北半球的东西向构造带，一般分带性好，规模宏伟，规律性较强。自北而南可划分出以下 9 个东西向构造带(图 2-4)。

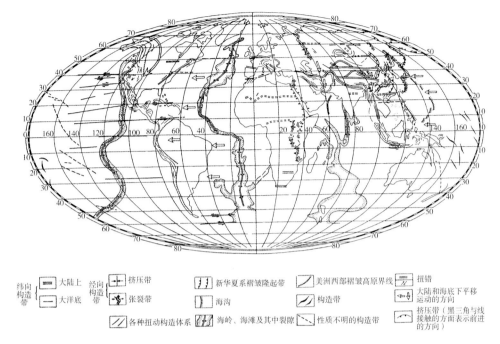

纬向构造带 ▭ 大陆上 ▭ 大洋底　经向构造带 ✛ 挤压带 ✶ 张裂带　〔〕新华夏系褶皱隆起带　／ 美洲西部褶皱高原界线　／ 构造带　⫽ 各种扭动构造体系　海岭、海滩及其中裂隙　性质不明的构造带　扭错　大陆和海底下平移运动的方向　挤压带（黑三角与线接触的方面表示前进的方向）

图 2-4　世界主要南北向和东西向构造体系分布图（据李四光，1973 年，修改）

（1）北纬 68°～70° 构造带：在东西伯利亚的乔库尔达赫（东经 140°～160°）、北美阿拉斯加的布鲁克斯（西经 140°～170°）和大西洋北部的斯匹次卑尔根群岛等均见东西向褶皱带。它们在古生代和中生代都有过活动，新生代形成大陆边缘断陷带。

（2）北纬 58°～62° 构造带：在亚洲北部的阿尔丹—安加拉一带有由太古宇、元古宇组成的东西向褶皱带，并有大致呈东西向的中新生代盆地叠加其上，向东延至鄂霍次克海北缘，往西在西西伯利亚有其踪迹；东经 20°～30° 的芬兰湾和东经 80°～90° 的北美哈得孙湾，有一系列东西向断陷。反映在中生代以来有强烈活动。

（3）北纬 50°～52° 构造带：即前述之伊勒呼里或唐努—肯特带。

（4）北纬 40°～43° 构造带：即中国境内的天山—阴山东西带。它向东延伸到日本本州岛北部、东太平洋门多西诺断裂带以至美国西部科迪勒拉山中的东西向重力异常带和由前寒武系构成大型背斜的尤因他山隆起带，可能是这一东西向带在北美大陆上的延续。大西洋底的亚速尔北构造带、欧洲南部的比利牛斯—坎塔布里亚构造带，经土耳其北部濒里海的安纳托里带，再向东经中亚费尔干纳以南的断续褶皱带与中国天山褶皱带相连。

（5）北纬 32°～36° 构造带：即昆仑—秦岭东西向带。往东至东太平洋默里断裂带、美国西部洛杉矶以北的东西向构造带及美国南部的乌奇塔褶皱带（西经 90°～110°），由昆仑山往西经阿富汗的东西向帕罗帕米苏斯山褶皱带、北非沿地中海的阿特拉斯褶皱带。

（6）北纬 23°～26° 构造带：即我国的南岭东西向构造带，向西经布拉马普特拉河南岸及恒河断陷（东经 80°～90°）、北非撒哈拉沙漠中的隐伏东西向构造带，向东经东太平洋北回归线附近的东西向奠洛凯海底断裂，再向东至墨西哥中部帕拉斯南的东西向褶皱带、加勒比海、古巴岛也属此构造带。

（7）北纬15°~19°构造带：即我国西沙东西向构造带，向西为老挝中部与柬埔寨北部扁担山等构造带；向东穿过马尼拉海沟及吕宋朱岛北部与本哈木海隆相连，经中太平洋山脉、克拉里昂断裂，到中美帕拉斯地向斜、大西洋西部海地岛一带的隆起和波多黎海沟、阿拉伯东南部断裂、非洲尼日尔河，塞内加尔河东西向流域的构造带，都应是这一东西向带的组成成分。

（8）北纬8°~10°构造带：主要为展布于加勒比海南岸和南美北部的巨型压扭性构造带，越过中美狭窄的陆梁到太平洋与克里帕通巨型平移断裂带相连。

（9）赤道构造带：有横截太平洋海岭的加拉帕戈斯断裂带，往东经南美北部与大西洋的罗曼奇和查因压扭性断裂带相连。在加里曼丹中部有由老第三系及以前地层组成的东西向褶断带，至苏拉威西东及苏拉群岛、斯兰岛构造线均呈东西向展布，在苏拉威西附近经西伊。里安北缘有一条东西向左行索朗断裂带。

2.4 南半球东西向构造体系

因南半球陆地少，东西向构造形迹在海洋底部有所显示，大体可划分如下几个带。

（1）太平洋的塞罗得伯斯科东西向南纬7°~10°构造带：南美大陆的东、西部及大西洋海岭和南亚爪哇海沟、努加登拉群岛等，都有近东西向构造形迹存在。

（2）南美西海岸的阿里卡角构造体系南纬17°~20°构造带：印度洋海岭的南罗得里格斯断裂带等。

（3）南非德兰瓦南部构造体系南纬23°~27°构造带：澳大利亚中部的马斯格雷夫构造带、南回归线上的东太平洋复活节断裂带，南美大陆的佩特列里奥斯—埃利瓦尔多铜矿带也受此带所控制。

（4）非洲南部的开普构造体系：太平洋的胡安—费尔南德及查林断裂带、大西洋的里岛—格兰德断裂带等。

（5）三大洋中近南北向洋中构造体系南纬50°~55°构造带：都转为近东西向，如南极洲—澳大利亚海岭、斯克舍海岭及大西洋—印度洋海岭等，这是东西向构造带存在的反映。

（6）南纬60°构造带：大体以南纬60°为主轴，大西洋—印度洋海盆、别林斯高晋海盆、南太平洋海岭及南极—东印度群岛海盆等，它们都环绕南极大陆边缘呈东西向分布。

（7）南纬70°构造带：沿南极大陆边缘，有呈近东西向分布的断裂带。这里需指出的是，在南半球中，未见到南纬40°~45°的东西向构造带的明显踪迹，只是在澳大利亚南缘巴斯海峡及其以南和新西兰东北部有零星显示。海洋资料则表明，当三个大洋中脊带南延至南纬40°~45°一带均向两侧急剧拐折，成为近东西向，且有环东西向成带分布的中脊带，它们可能是东西向构造体系的表现。若如此，南、北半球东西向构造体系在分布上的对称性就显得更为醒目。

（8）南极地区东西向构造体系：该构造体系最显著的特征，由环南极洲分布的若干盆地组成：阿蒙森海、罗斯海、维尔克地、普里、克斯蒙努特海、里慧拉森、布龙特克罗、威那尔海、南海得兰等盆地(图2-5)。

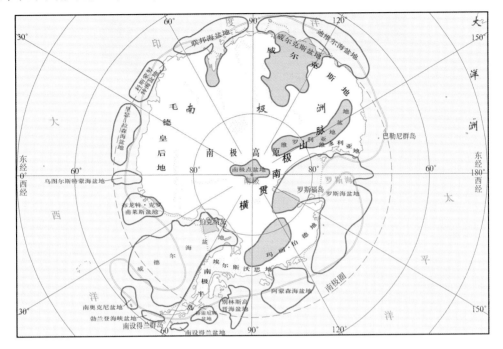

图2-5 南极东西向构造体系图

3 南北向构造体系

南北向构造体系，其主体呈南北方向伸展，该体系是由走向南北的挤压性构造带群或张裂性构造带群所组成，并有北西向、北东向扭裂带和近东西向张裂带与之相伴，每个构造带群自成一个体系，是地壳遭受东西向的挤压与拉伸作用的产物。其规模宏伟，有相应的变形带，还伴有相应的岩浆活动、沉积建造，有时还有构造动力变质带相伴。它们影响地壳的深度不一，有的波及深度较大，反映出较明显的重、磁梯级带，有基性、超基性岩浆活动；有些波及深度不大，岩浆活动不明显，属地壳表层或浅层次滑动所致，一般仅具有区域性，如中国大陆壳南部的某些南北向构造带即属此类。但无论是哪一类型或哪一级别的南北向构造带，在地壳上层的分布，都具有近似的等距性，其力学属性更具显著的区域性。最突出的是：在欧亚大陆中部的乌拉尔挤压性南北向构造体系以及美洲大陆西缘与太平洋东岸间的南北向山系，陆壳上南北向构造体系的规模大小不一、强弱不等、影响地壳深度有别，但它们基本上都以挤压型为主；而乌拉尔以西的欧洲、非洲、大西洋及其两岸的南北向构造体系，则是以张裂型为主的，如东非裂陷带、亚洲西部的死海、约旦河谷及欧洲西都的隆河河谷、莱茵河谷、斯堪的纳维亚大断裂、大西洋裂带等，都是典型的例子。这大概是地球自转造成的地壳运动过程中，亚洲大陆前进较快、美洲大陆前进较慢，致使亚洲大陆与太平洋东岸遭受东西向挤压，而欧洲和非洲大陆、大西洋被撕裂，这一运动学机制所造成的结果。

南北向构造体系是地壳上一种最基本、最普遍的构造体系之一。在大陆和海洋中都普遍存在，有的规模甚为宏伟，形成一些巨型南北向构造体系。

3.1 亚洲乌拉尔南北向构造体系

其主体位于东经50°~62°，北起新地岛，南至咸海南岸，长达2000km以上，是欧、亚两大陆的分界带。在咸海之南为一沿60°线分布的新生代槽地。

在阿富汗和伊朗毗连区南北向构造形迹仍很显著，故曾有人称为乌拉尔—阿曼构造带，一般称之为乌拉尔褶皱系。其西部是造山带，主体为乌拉尔山脉和穆戈扎雷山，总体长约2500km；东部和南部被隐伏在鄂毕河斯基本—土兰坳陷区的沉积盖层之下。整个褶皱系长约4000km，局部宽达500km，由一系列走向南北的线型褶皱带和断裂带组成。晚前寒武纪—寒武纪地层是形成乌拉尔构造带的最老的地层，而所有早于晚前寒武纪的构造要素都与乌拉尔南北向构造带走向不同。因此，乌拉尔构造带控制的建造发育于元古宙末，而其最晚的沉积地层主要为三叠系，局部为下侏罗统。该构造带可以划分为：①西乌拉尔边缘构造带（由奥陶纪—三叠纪地层形成的不对称褶皱）；②中乌拉尔复背斜带，西部被新生界覆盖，东部为辉长橄榄岩的侵入体和奥陶纪—早泥盆世的喷发岩；③塔吉尔—马格尼托戈尔复向斜带，由元古界—石炭系组成，广泛分布侵入岩；④东乌拉尔复背斜带，主要由中古元古界组成，广泛发育海西期酸性侵入岩；⑤阿拉帕耶夫勃列得复向斜带，它是在石炭纪末形成的线型褶皱，且沿乌拉尔南北带形成地堑构造，地堑中填充了二叠纪和三叠纪沉积物；⑥托博尔复背斜，主要于石炭纪末形成，其方向接近于子午线方向，其东部为一志留纪和泥盆纪时坳陷带；⑦瓦列里亚诺夫复向斜和鲍罗夫复背斜带，它们完全隐伏在新生界之下，是根据地球物理和钻孔资料确定的，主要为石炭系组成的乌拉尔南北向的褶皱带，局部地堑由二叠纪和三叠纪沉积物充填，东部带中有时出现哈萨克斯坦褶皱区的前石炭纪的活动型沉积物。

乌拉尔褶皱带中断裂很发育，发生在上地幔的深断裂控制着乌拉尔槽地的构造岩相分带，超基性岩带的形成亦与之有关。这类断裂主要分布在坳陷和相对隆起带之间。在西乌拉尔边缘构造带中的奥陶纪—早三叠世地层中，发育一系列逆掩断层和逆断层；在乌拉尔山系西部和东部还发育一些大型平缓的逆掩断层，它们主要是新生代构造。

乌拉尔南北向构体系经历了长期、多次构造运动。新元古代末至早古生代基本上为一南北向海槽，堆积了数万米厚的浊流（复理石）沉积岩、碳酸盐沉积岩、海底火山喷发岩。晚古生代—中生代早期褶皱隆起，伴有大量中酸性岩浆侵入。该带中南部已被欧亚山字型构造的脊柱所归并。

3.2 俄罗斯萨哈林南北向构造体系

该体系展布于东经140°～145°左右，北起库页岛以北，南经北海道日高山脉、本州岛北上山、伊豆诸岛以及它们两侧的鞑靼海峡、日本海沟，更南还包括马里亚纳群岛及著名的马里亚纳深海沟等；被东西向加罗林群岛横跨后，沿142°左右仍有踪迹可寻，直至赤道附近都有所显现；越过伊里安岛中部，与大洋洲的约克角半岛断续相循。由此形成了东亚大陆边缘或西太平洋西缘的巨型南北向构造带。该带和科里亚克、堪察加—千岛群岛不仅在现代构造运动和岩浆活动方面有共同性，而且晚侏罗世以来的表现也具有共同性。由于该带处于西太平洋构造带西侧，与东亚大陆临近，因而库页岛—北海道地区的活动性有些减弱，褶皱运动和岩浆活动也比较弱。库页岛东部、南部和日高山地段由古生界、中生界组成三个复背斜；北上山和阿武限由古生界和下三叠统组成两个复背斜；由近南北向的挽近火山岩带、晚中生代酸性侵入岩、晚中生代—古近纪的基性、超基性岩等组成南北向中新生代构造岩浆活动带。

库页岛南北向构造带的强烈褶皱变形作用发生于白垩纪末，主要见于陆地，以后又经历了上新世末期的褶皱、断裂等变形变质作用，使该带与锡霍特山为统一大陆。第四纪末沿着南北向大断裂下陷，形成鞑靼海峡和库页岛。

日本属于环太平洋中新生代地槽系的重要组成部分。由于日本处于大陆地壳与大洋地壳的分界处，是现代地球上最活动的地带之一，岛弧与边缘海沟同时存在，形成了大洋中最深的部位和最大重力异常部位，火山活动广泛及地震活动强烈是其基本特点。从构造上看，日本岛弧的中部有一条南北向断裂带，称丝鱼川—静冈断裂带，其南为伊豆—小笠原弧内带和马里安纳弧内带，均为新近系"绿色凝灰岩"分布带。但相邻的伊豆—小笠原弧外带和马里安纳弧外带，则为新近系非"绿色凝灰岩"分布地带，且沿东经140°左右形成—拉斑玄武岩分布带。伊豆—小笠原为一深震带，是一条最活动的深震带，深震次数约占日本深震的67%。

3.3 南美洲安第斯南北向构造体系

该南北向构造体系是美洲规模最大的挤压性南北向构造带。它北起加勒比海西南，沿安第斯山脉向南延，大致沿西经75°线形成向西或向东突出的弧型构造。它的北段以东、西科迪勒拉山脉为主体，形成向西突出的弧形构造，其弧形顶端达西经80°左右，安第斯山脉呈S型。该体系向南终止于南极海岭，南北跨越约70个纬度，由古生代以来的地向斜和地背斜组成。它于古生代末期部分转变为强烈的断褶带，中生代末期形成走向南北的安第斯—科迪勒拉褶皱带，在新构造运动中仍显示明显的活动性。

需要提及的是，地理上美洲西岸的科迪勒拉山系是美洲大陆与东太平洋东缘的接合地带，它是晚中生代以来，尤其是挽近时期以来太平洋地块与美洲地块相互挤压扭动的产物。但加勒比海以北至阿拉斯加一带是以顺时针方向走滑为特点的压扭性构造带，组成一个规模巨大的反S型构造体系，其中包容或归并了一些近南北向构造带的片段，这些南北向构造带与南美西缘科迪勒拉—安第斯南北向构造带的关系尚需进一步研究。因此，这里所指的安第斯南北向构造体系，主要是加勒比海以南的科迪勒拉山系所展布的构造。

3.4 东非南北向构造体系

该体系主要展布于东经30°～40°，由一系列张裂带群所组成，是一个引张性南北经向构造带，习称东非裂谷带。从其展布看大致可分为东、西两支：西支张裂带，北起阿伯特湖，经爱德龙湖、基伍湖、坦噶尼喀湖、鲁夸湖；东支称哥里高里裂谷带，北起卢多尔夫（即图尔卡纳湖），经一系列小湖至纳特龙湖。两支裂谷带在尼亚萨湖汇合，继续向赞比西河下游延展。单个裂谷带宽约50km，由一系列近南北向阶梯状陡倾正断层组成，垂直断距1000～2000m。该体系南端形成于石炭纪，延续至侏罗纪，白垩纪仍有继承性活动。而整个拉张带于新生代时期形成。除拉张活动外，尚有扭动形迹出现。确切地说，这个南北延伸达数千千米的大裂谷带，其边缘受两组扭裂面控制，总体呈南北向辗转反折，从而形成这一南北向追踪张性断裂构造。它是大陆上最为典型、规模最大的张裂性南北向构造带。

该带往北的东经34°30′～37°，对应着走向南北的死海—约旦河谷南北向构造带。从现有资料看，这一地段是在古生代、中生代地层强烈挤压形成的南北向复背斜、冲断层带基础上，新生代初以至渐新世开始形成的大型裂谷带，其中更新世大陆高原玄武岩延长达1000km左右。它除显示张性外，亦显反时针向扭动。因此，死海—约旦河谷的南北向构造带可能是东非南北向构造体系的北延部分，两者通过红海谷地相连通。红海从曼德海峡向北北西方向延伸到西奈半岛南端，长1930km。红海盆地的出现不晚于渐新世，开始下沉时是一个谷地，有链状淡水湖泊，中新世海水侵入到凹陷内，沉积了含石膏的灰岩。这些资料表明，东非张裂南北经向构造体系主要是渐新世以来形成的，中新世和更新世得到迅速发展，现今仍处于活动状态中。

3.5 大洋中的南北向构造体系

海洋调查资料表明，世界三大洋的洋底普遍存在大洋中脊，其主体走向都呈近南北向，由于东西向构造带的切错，洋中脊往往呈S状弯曲。洋中脊的海底地貌都呈宽缓水下隆起带，故又称海岭；隆起带中部常有狭长谷地(裂谷)或规模较小的海岭、海槽相间；洋脊轴部都是高热流带，向两侧热流明显减低；在隆起带轴部的火山岩时代最新，向两侧越来越老。总的来看，大洋中脊具张性，有时兼具扭性。

主要的大洋南北向带有太平洋中脊带、大西洋中脊带、中印度洋中脊带和东印度洋中脊带(90°海岭)。在这四条海岭或中脊带，前两者规模较大，后两者规模较小。它们向南伸至南纬50°左右都转为东西向，形成环绕南极大陆的东西向裂谷带。由于一系列东西向构造带和东西向转换断层的平错，每一个中脊带的各个部分都不在一个经度上，有的节节错移断续成带，但总体是南北贯通，相循成带。大西洋中脊带北延进入北极圈，称北冰洋中脊，有罗蒙诺索夫海峡和门捷列夫海岭与之平行、等距分布。中印度洋海岭展现于东经70°~75°，其中段呈正南北走向，宽度也较大，在马尔代夫群岛—查戈斯群岛最为典型，故又称马尔代夫海岭。东印度洋海岭，展布于东经90°，故又称90°海岭，是一条笔直的南北向水隆起带，在晚白垩世还发生顺时针扭动。

大洋裂陷南北向构造体系的特点是：①具有明显的方向性。所有裂陷带，其总体延伸方向都是南北方向的，与经线方向基本一致。②规模都相当巨大，长度达数千到数万千米，宽度达几十、几百、乃至上千千米，隆起于海底之上达数千米。③裂陷由一系列纵向伸展的张性正断层组成，壁陡向中间倾斜，中为裂谷。④与裂陷相垂的方向上，发育横向转换断层。实际上是一组相配套的压扭性断裂。⑤裂陷中填充了大量火山岩，有些地方形成所谓的地幔热柱，热流值普遍偏高。⑥在张力拉动下，裂陷两侧的地块或岩块，不断做水平扩张运动，形成巨型扩张带。⑦4条裂陷带在南半球均分叉为二，这些分支裂谷，共同组成一个围绕南极大陆的菱形裂谷带。⑧4条裂陷带中的塔斯曼裂陷已由拉张转换为挤压活动。⑨裂陷带两侧地层具非对称性，即靠近裂陷带的地层较新，渐远渐老，最老为侏罗系。⑩4条裂陷带在球面上的分布具等间距性，即每个带之间的距离大约为90°经度。

全球各南北向构造体系的特点是：各构造带在南北半球发育不均匀、不对称。就其力学性质而言，东半球陆壳中南北向构造体系以挤压性为主，发育较好，分布广泛；而西半球陆壳中则以张性、张扭性构造带群为主，分布宽散，多为追踪两组扭裂而发育的张性构造带，如东非裂谷带、莱茵地堑带，还有大西洋中的大西洋张裂带等。总体反映了东半球遭受东西向强烈挤压(有时兼有扭动)作用为主，而西半球则遭受东西向的引张撕裂作用为主，尤其是中生代以来这种活动更具有规律性。从全球看，主要的巨型挤压性和引张性南北向构造带，不仅具有定向性，且有定位性和等距性特点。从欧亚地块上的挤压性南北向构造体系看，有相间经度40°、20°和4°等不同级别的等间距分布的特征，它们在走向上波状弯曲，或被节节错移，但各段走向基本上近南北向；其组成成分主要是走向南北的褶皱、冲断层、挤压破碎带、构造动力变质岩带、岩浆岩带和相应的沉积建造，并伴有北东向、北西向扭裂和近东西向张裂带，有时还派生一系列次级扭动构造；一般规模巨大，延伸超过1000km，宽度在几十至上百千米，波及深度大，有时可达上地幔，重力、航磁等异常成带出现。如乌拉尔带、三江带、川滇带、台湾—菲律宾带、库页岛—南方群岛等南北向构造体系，它们对沉积建造、岩浆活动、动力变质带、物化探异常带的形成和分布，均有明显控制作用；有的发育历史较为悠久，以古生代、中生代和新生代发育良好。前古生代地块中有不少地区亦出现有现今呈南北方向伸展的挤压性构造带，有的断裂带被归并改造为后期南北向构造带的组成成分，而古老的南北向褶皱带常被后期南北向带重接和包容，它们形成时的方位现在尚难以确定。这种现象在中国的冀东—张八岭地带、牡丹江—图们江带和川滇、三江带中都有清楚显示，在俄罗斯的乌拉尔带以及波罗的海地块、伊尔岗地块中也能见到。在大陆和大洋中的拉张型巨型南北向构造带，既有共同点也有差异，它们都以断陷、盆地或槽地、海槽等形式出现，热流值高，物探异常显著，但大陆裂谷带与大洋裂谷带对沉积建造、岩浆活动与成矿作用的控制有不同表现。

东、西两半球南北向构造带的力学性质的显著差别对其形成机制假说甚多。地质力学从地球自转引发的构造动力学和运动学研究结果认为，它可能是由于在地球自转动力作用下，各大陆块滑移速度不一，呈现出亚洲大陆向前推进、美洲大陆向后阻挡、欧非大陆被撕裂所致。这就是李四光教授所说的"亚洲前进了，美洲落伍了，欧洲分裂了，非洲站住了"。至于南北向构造体系的定位性、定向性，则可能是地球自转速度的变化所产生的南北向协调函数带所致。

3.6 中国境内南北向构造体系

在中国陆壳上的南北向构造带，都是由走向南北的强烈挤压性构造带群所组成的，主要由单式或复式剧烈褶皱或褶皱群所构成。在若干地区往往还发育有大型的南北向挤压性或扭压性断裂带，有时有强大的构造动力变质带、构造岩浆带相伴随，它们组成复杂的构造岩浆动力变形变质带。如中国西部的三江(怒江、澜沧江、金沙江简称)南北向构造带、川滇南北向构造带，中国东部的牡丹江—图们江南北向构造带等。

南北向构造体系，在中国南部和西南部表现最为突出，在中国北部和西部地区，除少数构造带表现较强外，一般都较分散，且不太强烈，它们常与其他构造体系的某些组成部分复合。总的来看，中国陆壳上的南北向构造带分布较广，一部分有较好的延续性，它们纵贯中国大陆南北，如三江带、川滇带、皖东带和牡丹江带等，大部分南北延伸不对应，强度不大，如陕、甘、宁交界区、山西陆台两侧、大兴安岭、贵州高原及湘、粤、赣地区和台湾地区，都有广泛分布。近年来在西北地区和西藏等地亦有所发现，但多为不太强烈的挤压性构造带，再由于秦岭—昆仑东西向带和天山—阴山东西向带的分隔和右行错移，在空间上分段出现，南、中、北段错位，在空间上难一一对应。不同地史阶段的南北对应关系，似乎有较大变化，如川滇南北向构造带，从地史资料看，它的早期——晋宁期和加里东期，可能与贺兰山带同属一个构造带，是影响中国陆壳东西两侧地史发展的一个重要的构造岩浆活动带，但晚古生代至燕山期，它们却分别属于两个南北向构造带，川滇带北延，经西倾山与青海同仁一带相连，而贺兰山带则与川黔南北向带的成生发展及空间展布有一致性。

值得注意的现象是：形成中国西南部和南部(走向南北的)强大反复褶断带的岩层，如若把它们摊平起来，它们现在所处的地域，显然面积不够容纳它们。这样，显然是那些形成强大褶皱带的地层，只限于地壳表层，或者地壳表层的上部，原来铺平在更东的地区，经过水平向西滑动就形成了现在的褶皱带。西南地区发生的地震，往往都是浅震，这种现象，也可以说是地壳上部水平滑动的象征(李四光，1960)。中新生代以来，有一些南北向构造带穿切东西向带和其他早期构造带，显示了较好的连续性。因此同一南北向体系的某些区段，包容和归并了一些早期岩带、岩块，这些老岩块、岩带的早期方位及所处经度，现在难以确定。它们在不同的地块中是否有相应构造带存在，需充分考虑到陆块块体间的结构演化与发展，方可确定。

3.6.1 三江南北向构造体系

该体系展布于东经90°~100°30′，大体沿滇西与藏东的金沙江、澜沧江和怒江中游地区展布，因此得名，以前称滇西南北向构造带。这是中国西南部有名的横断山脉的主体所在。沿带峰峦叠嶂、山势陡峻，河流湍急，自北而南一泻千里。该体系向南进入缅甸、泰国西部。由于青藏川滇反S型(歹字型)的影响，在泰国西部其经度向西推移了约2°，主体展现于湄南河以西，西到安达曼—尼科巴群岛，构成一向西突出的弧形。这个弧型带以新生代强烈活动为特征。该体系主体向北抵雀儿山，更北经巴颜喀喇山口以东，与青海乌兰、都兰地区的南北向构造断续相循。

三江南北向构造带被怒江断裂带、澜沧江—柯街断裂带分为3个部分，或称3个亚带。各部分的地质构造特征虽各具特色，可能没有相同的结晶基底，但具有大致相同的构造发展历程。由于昆仑东西带、北西向系和青藏川滇反S型等构造的影响和干扰，使其显得不很连续，故又可分南、中、北三段。分隔中段和南段的双湖—丁青—哀牢山断裂带，是扬子—塔里木地块与华夏—印支地块的重要分界带之一，双湖—丁青一段是扬子—塔里木地块与藏南地块北缘的分界线。只是在加里东运动之后，其南北两侧才显示出显著的共性，该南北向构造带形成于晚海西期—早印支期。燕山—喜马拉雅期，因青藏川滇反S型构造体系的复合叠加和该带自身的挽近活动，导致其强烈挤压和顺时针方向走滑，形成现今纵贯中国西南部的地质地貌景观。现分南、中、北三段简介于后(图3-1)。

南段的主体展现于澜沧江断裂带和怒江断裂带之间的滇西地区，向北延入川西、藏东，向南进入缅甸和泰国西部，直到印度的安达曼和尼科巴群岛之间。怒江断裂带、柯街断裂带将其分割成东、中、西3个条带：分别称为东亚带—昌

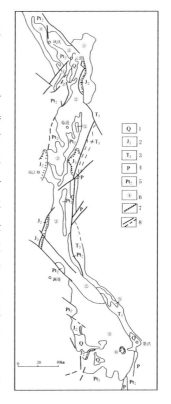

图3-1 临沧复式岩基地质图
(据《云南省区域地质志》，1990)

宁—孟连褶断带，中亚带—福贡—镇康断褶带，西亚带—伯舒拉岭—高黎贡山断褶带。其最东边的边界为南澜沧江断裂带，它是分隔华夏—印支地块与南羌塘地块的重要构造岩浆动力变质带，有人称之为泰马—澜沧江缝合带。这3个带的地质构造特征虽各具特色，但它们具有相似的结晶基底和大致相同的构造演化历程，故它们应是同一构造体系的组成部分。

铁质岩、镁铁质—超镁铁质岩体群和辉绿岩体，已知岩体近100个。辉长岩、超镁铁质岩规模较大且紧密相随，侵入于二叠系和上三叠统中，与区域构造线方向一致；侵入于下二叠统中的镁铁质—超镁铁质岩体内部具垂向分带结构；辉绿岩分布广，多期次侵入于二叠系—侏罗系中。

高压动力变质岩带发育是东亚带的又一重要特征。最典型的是大芒光房动力变质带，沿断裂带的澜沧群绿片岩内和双江县大芒光房附近下石炭统基性火山岩中，均有蓝闪石等高压动力变质矿物出现，如含蓝闪石斜长绿泥片岩、含蓝闪石绢云石英片岩、含多硅白云母钠长绢云石英片岩等。澜沧群中含蓝闪石的岩石普遍破碎和片理化，而蓝闪石晶形完整，有的产在矿物裂隙中，与内壁有一定角度斜交，说明它形成于所赋存岩石的破碎阶段或其后期，同时蓝闪石还出现于下石炭统玄武岩中。多硅白云母经Rb-Sr法测定，其年龄值为240～260Ma；从昌宁—孟连变质岩带总体看，该带变质地层的最新层位为上二叠统，其上为未变质的三叠系；侵入于变质岩中的耿马花岗岩体，锆石U-Pb年龄值为223Ma、241Ma。它们都表明主要变质作用发生于海西末期—印支早期，与变形时期和区域岩浆岩主要侵入时期相一致。这一时期的变形变质与同期或后期逆冲推覆作用的叠加和改造关系甚为密切。

三江南北向构造带南段相应的主要断裂带有澜沧江断裂带南段、景谷—景洪断裂、大芒光房—澜沧江断裂、柯街断裂、怒江断裂南段等。除怒江断裂南段东、西支断裂出现于西亚带外，其他几个主要断裂带均出现于东亚带的东、西边缘和其中部。南北向构造延经乌兰、都兰、阳康西，在乌兰达坂插入北祁连带中。

上述表明三江南北向构造体系具有较好的连续性和贯通性，它向北可能经巴丹吉林西部北延，与蒙古境内的达尔哈特断裂、库苏泊断裂等基底大断裂相对应，向南与泰国—湄南河—中马来西亚结合带及其西侧的南北向构造带相连。该体系的主要变形变质时期为晚海西期及早印支期，早古生代南北向变形变质表现不明显，但近南北向的坳陷似乎已经出现，构成青康滇缅大槽地的组成部分，对晚加里东期岩浆活动似乎有一定的控制作用，晚古生代至印支期沿大断裂带出现镁铁质岩—超镁铁质岩带。晚印支期—喜马拉雅早期，本带主要受特提斯构造带的影响和叠加改造，被青藏川滇反S型构造体系复合，其主要断裂带中南段产生显著的顺时针方向走滑；晚喜马拉雅期受到青藏高原隆升和东西向挤压，在三江地区的南北向构造带产生东西方向的逆冲推覆和顺时针方向走滑，使区内构造产生明显变位和变形，使构造面貌复杂化。

三江南北向构造带表现为一级重、磁特征线组。在巴颜喀拉山区，沿橡皮山—阿尼玛卿大断裂和江达—玛多断裂岩浆岩带表现为二级重、磁特征线组。

这两组特征线组也如地表一样连续向北延伸，穿过东昆仑构造带进入青海湖西侧；在青海湖西侧隆起带两侧，一组重、磁重叠的特征线由玛多经祁连山主峰，一直延入甘肃山地区，连续延伸达500km以上。滇西地区布格重异常及区域磁场、线性异常带的总体组合均表现出向北收敛、向南散开的帚状。重、磁异常带的展布与组合特点，在怒江以东与区内主要断裂带、构造岩浆变质带相一致。

3.6.2 川滇南北向构造体系

该体系又称川滇南北向构造带，以习称的康滇台背斜或康滇地轴与其东侧的凉山—滇东坳陷两个基本的构造单元为主体，主要展布于东经101°30′~140°。在中国境内的川西贡嘎山、大雪山、大小凉山、岷山和滇中地区走向南北的褶皱山系，其构造形迹最为发育。向北被若尔盖—红原弧形带等所压抑，但在岷山有强烈表现，若尔盖亦有踪迹可寻；过秦岭后，在青海湖东—兰州西、以致腾格里—巴丹吉林沙漠毗连区，都有明显的显示；往南在哀牢山以南—越南西部和老挝境内，直至马来半岛之东岸山系一带，都有强烈显示。该体系以川西—滇中地区研究较为详细，资料较为丰富，由西而东，可分西部构造岩浆变质带、中部隆坳带、东部褶断带3个亚带(图3-2、图3-3)。

图3-2 中国西昌—滇中地区
前震旦系分布图

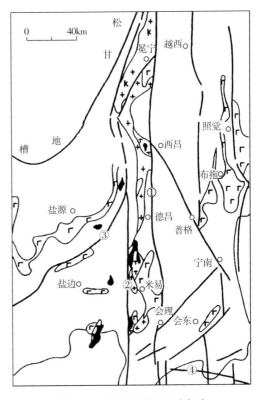

图3-3 中国西昌地区后寒武
纪岩浆岩分布略图

3.6.3 湘桂南北向构造体系

该体系出现于东经109°~113°附近，在湘南和桂东北地区发育较好，向南延入粤西北地区。它远比前述南北向构造体系散漫，南北延伸200km。该体系主要由一系列走向南北的褶皱群和压性断裂带组成，也包括一些小花岗岩体和小型侏罗纪、白垩纪盆地，并有北东、北西两组扭断裂与之斜交，有近东西向张断裂与之垂直。褶皱多为宽缓背斜和狭窄向斜，以短轴箱状的隔槽式褶皱为特征，延伸不远，断续相循。湘桂南北向构造体系从西向东可划分为黔阳—象川褶断带、道县—昭平断褶带、耒阳—临武断褶带3个二级构造带。

1. 黔阳—象州褶断带

该带出露于东经110°左右，由大型高角度逆冲断裂及部分褶皱和花岗岩岩体组成，南北延长达340km，东西宽约20km，南端最宽可达40km。主断裂为近南北向龙胜—永福深大断裂带，向北延至湖南黔阳一带。它是归并改造自雪峰（晋宁）运动以来形成的近南北古断裂带基础上发展而成的一条多期活动断裂，对新元古代和震旦纪、古生代的沉积及岩浆活动都有明显控制作用，沿断裂带有一系列的正负航磁异常分布，并呈现西高东低的重力梯度带。主断裂为西倾逆断层，并有东倾正断层伴生，武宣县通挽一带见宽数千米的糜棱岩化、片理化带的断层破碎带。该褶断带中复式褶皱也较发育，北段主要为由上古生界和下三叠统组成的新宁复向斜，上叠新宁白垩纪盆地。南段以大瑶山次级褶断带最为醒目，直抵广西山字型前弧东翼，南北向大瑶山（金秀）背斜是其代表。在柳州—象州—来宾一带由上古生界组成的近南北宽展型褶皱和同向断裂也很发育。

2. 道县—昭平断褶带

该带展布于东经110°50′~111°55′，主要由近南北向复式褶皱及压性断层组成，南北长逾200km，东西宽约100km，大体可划分为东、西两个次级带。西部海洋山—花山断隆带，位于东经110°50′~111°25′，主要由近南北向的海洋山、恭城、源口、富川复式褶皱及栗木—马江、富川—西湾等断裂和一些花岗岩体组成，并以短轴状、穹状褶皱为主要特征，同向逆冲断裂发育。时有小型侏罗纪、白垩纪盆地。栗木—马江断裂带走向近南北，长200km以上，并有南北向重力梯度带相对应。该断裂带形成于印支期，控制早侏罗世断陷盆地及燕山早期花岗岩的产生，挽近期还有所活动。富川—西湾断裂带长逾120km，由一系列平行断层组成，并见石炭系逆冲于侏罗系之上。该断裂形成于印支期，燕山期继续活动，控制富川小田、贺县西湾等早侏罗世含煤盆地的展布。

东部道县—姑婆山断凹带，展布于东经111°40′~111°55′，南北断续延长达280km，宽20~30km，主要由近南北向上古生界复向斜及平行断裂带组成。北段双牌至道县间为紫荆山复背斜和双牌（单江）复向斜。南段道县—姑婆山一带，多具"隔槽式"褶皱特点。白芒园—贺街断裂切割燕山期姑婆山花岗岩，有的南北向断裂还切割侏罗系或白垩系。沿断裂有成群石英斑岩和花岗岩产出，挽近期还有地震活动。

3. 耒阳—临武断褶带

该带大致展布于东经112°25′~113°，南北长达160km，东西宽60~80km。总体为由上古生界组成的近南北向不对称复向斜带，轴部大体位于常宁水口山—临武东侧一带，褶皱紧密强烈，同向断裂发育，组成以下几个疏密间布的断凹带。

(1) 袁家—香花岭断凹带：褶皱排布间距较大呈疏波状，局部地段被白垩系不整合叠覆。

(2) 水口山—临武断凹带：由一系列近南北向上古生界线性褶皱组成，断裂较发育，且多集中于构造带的收敛、转折部位或背斜两侧，常有燕山早期中酸性小侵入体及多金属矿床沿断裂分布。

(3) 桃水—宜章断凹带：大致出露于东经 113°附近，主体为由上古生界组成的凹陷带，因受北东向系的影响，连续性差，并具弧形弯曲及北宽南窄的 S 型褶皱束特点。近南北向断裂多出现于背斜两侧，并发育北东向、北西向两组共轭剪切断裂。沿主断裂两侧及与北北东向系复合部位，分布大量中酸性岩体群及基性岩脉群，在千里山花岗岩体接触带有超大型柿竹园钨锡铋钼矿床产出。

湘桂南北向构造体系可能在加里东期已具雏型，海西期成型，印支期定型，燕山期活动明显，局部区带喜马拉雅期至挽近期还有所活动。它对晚古生代(石炭纪、二叠纪)沉积岩相及煤等沉积矿产有明显控制作用，还控制了印支期中华山—五团花岗岩带及湘南燕山早期南北向基性、超基性岩带的分布，沿南北断裂分布的侏罗纪、白垩纪小型盆地，也受该体系控制。湘桂南北向构造体系与其他构造体系的复合关系也很明显，如南北向构造体系反接横跨东西向构造，形成十分醒目的横跨褶皱。其中，一类为"T"形半横跨褶皱，如九嶷山、大瑶山等大型东西向复式隆起北缘的近南北向鼻状褶皱，这是东西向构造发生南北向重褶的表现；另一类为"十"字形全横跨褶皱，如南北向源口、两岔河背斜与东西向花山、姑婆山复背斜叠加，其叠隆核部分别有等轴状花山、姑婆山复式岩体产出(图 3-4)。而该南北向构造体系与北东向和东西向构造体系的复合部分，常有燕山期小花岗岩体及与之有关的有色金属矿床产出。

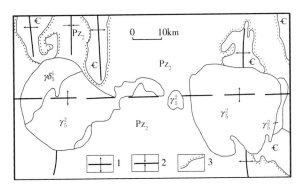

图 3-4　中国花山和姑婆山岩体产于叠加隆起轴部平面图

3.6.4　皖东南北向构造体系

中国东部冀、鲁、苏、皖和赣、闽毗邻区，有一系列走向近南北的挤压性、扭压性构造形迹。其主体展现于东经 117°~119°。它们在横向上具明显分带性和近似的等距性，大约每隔经度 20′~30′ 出现一个较明显的集中地带；在纵向上，从冀东山区至闽赣山地的基岩中均有其踪迹，它们的走向一般北偏东或北偏西 5°~10°，构成长达数千千米的南北向构造带。该体系不仅有较大的压性、压扭性断裂带和褶皱带，而且有较大的南北向带状隆起和坳陷，有时有南北向混合岩带及花岗岩带参杂其中。重力、磁力资料表明，它们的某些组成成分具有较好的连续性，构成一些影响深度较大的构造带。从形成演化历史看，北、中、南三段不尽一致，甚至相差很远，但中生代以来直至挽近时期，它们则有了共同的基本特征。

寿宁—连江大断裂带北起寿宁，南至鼓岭，长约 180km，宽 3~10km，主要由高角度逆冲断层和南北向展布的花岗岩体组成。晚侏罗世末，在火山岩中形成一系列逆冲断裂，伴有蚀变带、片理化带等，白垩纪二长花岗岩沿断裂带侵入，形成长 70km、宽 10~25km 的构造岩浆岩带；白垩纪以后又有南北向压性断裂出现，并切割晚燕山期花岗岩体。

综观皖东南北向构造体系，其规模宏伟，横跨 3 个经度，纵长约 2000km，其构造形迹具有定向严格，大致等宽、等距，连续性差，性质较为复杂，发育历程不一的特点，早期多为挤压兼左行扭动，晚期挤压兼有右行扭动。在华北地块范围内它最早出现于早前寒武纪地层中，主体在东经 118°左右的迁西群、五河群中，在扬子地块内最早见于张八岭群变火山岩中，相当于晋宁期产物；而加里东期的变形变质及混合岩化带，则见于扬子地块和华夏地块中，它们均是被包容的古构造带。到燕山中后期才南北贯通，形成现今所见的皖东南北向构造体系，且挽近时期仍有不同程度的活动。至于前燕山期的总体面貌及体系归属尚需进一步研究。总的来看，它南北纵贯中国东部三大东西向构造体系。它的早期构造带对区内其他构造体系的形成发展有一定制约作用，如嘉山以北的北北东向系郯庐断裂带走向近南北向即因此。由于东西向体系的多次活动，该南北带在东西向带展布区内力学性质多被改造为张性、张扭性。反之，皖东南北向构造体系的挽近活动，对区内其他体系构造成分的改造亦是必然，如北东向、北北东向断裂构造，常被其一组扭裂面所利用或归并，以致由左行压扭性改变为右行张扭性。华北平原中国石油勘探钻遇的北北东向张扭正断层性质的阶梯状构造组合，可能即由此而生。若如此，皖东南北向构造体系对区内油气移聚的控制作用则是不可忽视的。

3.6.5 台湾海岸南北向构造体系(台湾—菲律宾南北向构造体系)

台湾地区的南北向构造形迹大体可分 3 个带，即中部台中—屏东褶断带、东部绿岛—兰屿南北向火山喷发带、西部澎湖水道南北向坳陷带。它们向南与菲律宾吕宋带相连，构成台湾—菲律宾南北向构造带。

1. 绿岛—兰屿火山岩带

该带位于东经 121°10′~123°，由南北向展布的海岭和高出水面的火山岛组成。向北可能与海岸山脉相接，向南延伸与巴坦群岛、巴布延群岛及吕宋岛相连。南部宽约 185km，北部在兰屿仅 26km 宽，两侧可能以巨大的高角度逆冲断层为界，在海底地貌上形成十分醒目的南北向展布的火山碎屑岩隆起带。在我国境内该带延伸约 200km，宽 20~40km，主要由中新世—上新世安山岩及安山质火山碎屑岩组成。大多数火山岩属拉斑玄武岩系列，绿岛则属高铝玄武岩系列，与海岸山脉中段出露的奇美岩浆杂岩体相似，表明它们同属于一个火山岛弧带。本带在重力、磁力图上都有明显的显示：等重力线呈南北走向，为高重力值区；在磁力图上是一个磁力异常带，等磁力线亦成南北向，与其西面更平滑的磁力带明显分开。吕宋岛弧火山活动由北向南，即由海岸山脉奇美岩浆杂岩往南到兰屿、巴坦群岛、巴布延群岛直到吕宋岛，火山岩的时代有由老到新的变化趋势。在台湾火山岛弧中尚未发现活火山，但在巴坦群岛、巴布延群岛及吕宋岛上，都有活火山活动。

2. 海岸山脉褶皱带

该带东邻太平洋，西以台东纵谷为界，在台湾岛上延长约 135km，最大宽约 10km，南呈南北向延伸的吕宋岛、朱沙鄢—棉兰老岛等组成的"菲律宾活动带"，是环太平洋岛弧的组成部分。其内部及边缘的主要构造线总体呈南北向伸展，走向上显波状弯曲，形成一系列向东或向西凸的弧形带，以断裂为主，褶皱次之；中新统和上新统都遭受不同程度的变形改造，中生代和古近纪地层遭受强烈褶皱、冲断，形成一些复背斜和断陷槽地；中基性岩浆活动较为强烈，南马德里一带被第四系火山岩覆盖，中南部地段第四纪火山岩发育。著名的菲律宾断裂带呈反 S 型穿插于整个活动带中，常构成向东或向西的弧形构造，如萨马弧等。这个构造带在苏拉威西岛波尼湾一带仍有明显显示，其东侧可能包括菲律宾海沟和马鲁古海峡两岸地带。它们共同组成了长达 3000km 左右的南北向构造体系，一个现代活动性很强的构造体系。该体系北延情况不明，它与江浙东部海岸、胶东半岛东部及更北同一经度带中断续展布的南北向压性、压扭性构造带有何关系，尚待研究。

3.6.6　牡丹江南北向构造体系

牡丹江南北向构造体系，主要显露于黑龙江省东部，故又称龙东南北向构造体系。它向北延入俄罗斯的布列亚山西侧，向南延入朝鲜半岛东北部地区，其主要组成部分大体展布于东经 128°～132°。它包括佳木斯—老爷岭古隆起带及东西两侧的古生代坳陷带，以及若干主要断裂带(图 3-5)。

1. 佳木斯隆起带

该带又称老爷岭中间隆起带，大体处于东经 129°～131°，呈南北条带展布，北过黑龙江延入俄罗斯，南由嘉荫经鹤岗、佳木斯至穆棱—海林，被北东向的敦化—密山断裂带、长汀断裂带斜切，中段被依兰—伊通断裂和北西向塔溪—林口断裂所穿切。它包括西张广才岭边缘隆起带，其东西宽约 170km，南北长大于 700km，带中出露有中新元古界黑龙江群绿片岩、碳酸盐岩系，为深海闭塞环境产物。在麻山地区，新太古界麻山群组成古陆核，古元古界为陆缘活动型建造，吕梁运动(兴东运动)褶皱隆起，靠近古陆核为南北向短轴背斜、向斜，非原地型花岗闪长岩将被破坏的古陆核镶嵌在古元古代近南北向褶皱带内。中元古代陆壳上隆导致晋宁期陆壳拉张，形成萝北太平沟、依兰、牡丹江 3 个南北向裂陷槽。早晋宁运动(1000Ma 左右)在裂陷轴部形成了黑龙江群变质岩系(922Ma，但大部分同位素年龄反映为显生宙)和同构造期花岗闪长岩、构造期末白云母绿帘石花岗岩，将区内北东向褶皱带与古陆块焊结，形成两者复合的古构造格局。晚亚宁期局部地带形成马家街群高绿片岩—低角闪岩相变质岩，晚晋宁运动(约 800～850Ma)褶皱隆起，有白云母电气石花岗岩侵位。震旦纪(张广才岭旋回)在佳木斯隆起带西部(即牡丹江断裂以西)发育成活动型槽地，形成张广才岭群和黄松群，震旦纪末褶皱隆起成为佳木斯地块西缘的边缘隆起带，东南部则形成北东向的太平岭构造带。早加里东期以隆起为主，仅萝北东部和兴凯湖地区局部沉降形成下寒武统盖层，缺失中寒武统—志留系；海西期这一隆起带仍处于抬升剥蚀阶段；晚印支运动有大量花岗岩侵位，形成强大的印支期花岗岩带；燕山期在鹤岗、嘉荫两凹陷形成含煤盆地。

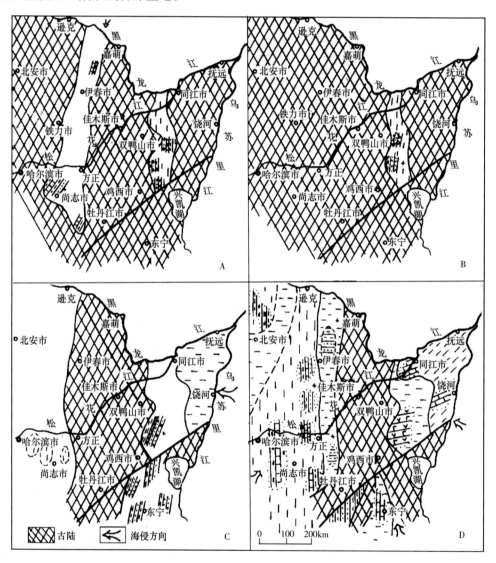

图3-5　中国牡丹江南北向带晚古生代演化简图

2. 宝清—密山南北向褶断带

该带处于佳木斯隆起带以东，呈南北向且向西微突的弧形展布，北被"三江"盆地掩盖，东与完达山活动构造带毗邻，它是隆起带与活动带间的过渡地带，主要形成于晚古生代，在伊春—延寿地带形成了晚印支期花岗岩带，并叠加于加里东构造浆岩带之上。它南入吉林，北到俄罗斯，构成东西宽约 150 ~ 200km，南北长大于 1000km 的构造岩浆带。在佳木斯古隆起带中的东南沿双鸭山和密山地区亦有零星分布。与晚印支运动变形、中酸性岩浆活动有关的还有绿片岩相变质作用和基性岩侵入活动。

从上述内容不难看出，该南北向构造体系的主体成型于加里东期，定型于印支期，它归并或包容了现今呈南北向展布的前加里东期构造岩浆带。

4 北东向构造体系

4.1 中国境内北东向构造体系

该构造体系是中国大陆地壳东部由加里东运动和印支运动为主幕形成的北东—南西向褶皱带组成的多字型构造体系，由晚三叠世以前的岩层、岩体遭受强烈压剪性直扭形成的变形变质带组成。它们多被晚三叠世以来的地层所不整合覆盖，其展布方向一般大于北45°东。该体系以北东向褶皱带（或隆褶与槽地）为主体，有压性、压扭性断裂相伴，在某些地区还有规模较大的北东向变质带及花岗岩带、火山岩带。北东向构造体系主要成生发展于古生代至三叠纪中晚期，它是华夏系列中成生较早的一个多字型构造体系，一般经历了加里东运动和印支运动主幕两期变形变质作用，中三叠世末至晚三叠世早期才最后定型，对晚古生代及三叠纪沉积及岩浆活动有重要控制作用。其变形特征以塑性形变为主，伴有低温中高压动力变形变质岩带，走向一般为北45°~50°东。因东西向构造带的穿切和分割以及各地区基底结构的差异，各区段发育程度不一，变形特征有所差异，现分段简介如下。

4.1.1 中国东北地区北东向构造体系

该区北东向构造体系较发育，形迹明显，出现时代较古老。元古宙显现，古生代到晚三叠世定型并遭后来构造运动改造。

1. 太平岭—虎林构造带

在黑龙江省东南边缘地区，沿敦化—密山北东向断续带两侧，断续出现有北东向褶皱、挤压性断裂带和印支期中酸性岩浆岩带，并向西南延入吉林省延吉地区。它们若隐若现地显示出前燕山期有一个北东向构造岩浆变形变质带。太平岭—虎林隆起向西南延至吉林汪清一带，东北端虎林—虎头一带亦有显示。新元古界及古生界—三叠系断续出露，虎林一带还有太古宇结晶基底显露，组成以新元古界变质岩系为核、古生界和三叠系为翼的复式背斜褶皱带，褶皱轴为北40°~50°东。在太平岭东北中俄边界区可见二叠系—三叠系不整合于新元古界变质岩系之上，两者皆为北东走向。东宁附近为一由石炭系—三叠系组成的褶皱构造，为上三叠统所不整合，下部地层走向为北东，后期有北北东、近南北向构造叠加。太平岭复背斜的轴部在太平岭东侧与绥芬河市之间，相伴的规模不等的北东向压性、压扭性断裂发育，主要有绥阳—黄泥河断裂、太平岭东坡断裂及东宁断裂、长汀断裂等。它们形成于古生代和三叠纪末期，多被燕山期岩体侵入，未切割燕山期岩体。敦化—密山断裂带的活动时间较长，力学性质有几次明显的转化，是一条多期活动的断裂带，出现于晋宁晚期，是一条扭断裂；加里东期转化为北东向太平岭构造带的组成部分，有二叠系—三叠系不整合于震旦系阎王殿组、杨木组等之上，断裂性质转为压扭性，并显逆时针向扭动；印支运动，经过强烈的挤压兼逆时针向扭动，岩浆岩带沿其南侧展现，形成强大的北东向构造岩浆活动带，是华夏构造体系在中国东北部地区的重要组成部分。

2. 张广才岭—老爷岭构造带

该带展布于敦化—密山断裂带与依兰—伊通断裂带之间。其主体沿吉黑交界的张广才岭向西南经蛟河西侧松花湖一带，沿老爷岭延经永吉—磐石间分布，轴部为晚海西期—印支期花岗岩带。在岩带西侧和西北侧上古生界(主要为二叠系)及三叠系半环绕岩浆岩带分布。据同位素年龄测试结果，张广才岭花岗岩带属印支期；吉林老爷岭花岗岩带的同位素年龄值多在 210～251Ma，少数在 290Ma 左右，一部分在 180～220Ma，故主要为晚海西期—印支期中酸性、酸性岩浆侵入活动的产物。现今保存的地层构成以三叠系为核的复向斜，《吉林省区域地质志》称吉林复向斜，主轴为北东向。故这个构造岩浆变形带是北东向系晚期的产物，向东北与佳木斯隆起带复合，向西南与阴山—天山东西向带复合。

3. 浑江断褶带

该断褶带是在青白口纪至古生代末期浑江坳陷的基础上，经晚海西期—印支运动而形成的北东向断褶带，总体为一复向斜，核部为石炭系—二叠系，两翼由奥陶系—青白口系所组成。但青白口系与二叠系间无强烈的构造变形变质作用，只是在奥陶纪末—石炭纪初有间断。青白口系至震旦系的建造特点及其生物群与苏淮、辽东地区可逐组进行对比。由该带向南经辽东半岛而达胶东半岛西侧，与徐淮地区可能连成一体，构成一组北 40°～50°东的新元古代—古生代的多字型坳陷带，其沉积类型和建造特点，都具有华南与华北两区的过渡特点，但似乎更接近于华南型的沉积环境与建造特点。印支运动遭受北西—南东向挤压应力作用，形成强烈的变形带，下侏罗统和中上侏罗统广泛不整合于下伏地层之上，并伴随有大量的走向压性、压扭性断裂带，故属印支褶断带。印支褶断带一般呈北 40°～50°东狭长条带展布，其轴向与前青白口系褶皱轴向有不大的交角，岩层无变质现象，也未发现成带的印支期岩浆侵入活动。

与浑江断褶带平行展布于龙岗复背斜西北侧的样子哨断褶带，与浑江断褶带具有相同的特点和发育历史，只是宽度不大，但线形清楚，方向稳定，它的西南端被上侏罗统所不整合覆盖，它亦是本区北东向系的一个坳褶带。

与上述两个断褶带相伴的主要断裂带还有三源浦—样子哨断裂带和浑江—湾沟断裂带，均属于壳断裂，控制新元古代—古生代的沉积，在中生代还有继承性活动。物探反映清楚，地表显示良好，走向北 50°东左右，压性特征显著，斜贯辽、吉地区。这两个断裂带实际各自控制了浑江断陷与样子哨断陷槽地的边界。其中浑江—湾沟断裂带延入辽宁境内，称桓仁—庄河断裂带。

4. 鸭绿江—绥芬河断褶带

该断褶带的主体是绥芬河—延边复向斜、鸭绿江—松江断裂带。这个断褶带展布于太平岭复背斜和浑江断褶带东南侧，向东北可能延入俄罗斯。从建造资料看，黑龙江省完达山地区与延边地区似为一体产物，但前者已靠北出现于敦密断裂的北侧；从断裂展布看，鸭绿江—松江断裂带可能伸入兴凯湖南部；该断褶带中段在吉林延边地区，构成一北东向的延边复向斜带，边缘有下古生界，为活动型沉积建造零星出露，其中部被新地层覆盖，但尚可见到石炭系以海相碳酸盐岩为主，陆源碎屑岩建造为辅，二叠系下统为陆源碎屑岩建造、火山岩建造、碳酸盐岩建造，上统为中酸性火山岩、山前磨拉石建造，呈北东向展布，产大羽羊齿等华夏植物群，三叠系以火山岩为主夹砂板岩及薄煤层，呈北东向条带展布。其上为侏罗纪—白垩纪陆相盆地所不整合覆盖。

鸭绿江—松江断裂带，前人称鸭绿江深断裂（大断裂）。该断裂由辽宁沿鸭绿江延经吉林通化地区的集安，过松江延入黑龙江绥芬河一带。长达 1000km 以上，总体走向北45°～50°东。断裂带在航磁图上反映明显，利用重力资料推断在临江—松江一线大片玄武岩之下，有北东向断裂存在，且连续性较好。从建造资料看，该断裂形成于海西期—印支期，断裂西南段位于早印支期形成的浑江槽地东南侧，北段控制海晚期—印支早期的基性、超基性岩体群，燕山期前表现为逆时针方向压剪性，错移距离达 30km 左右。晚三叠世—侏罗纪转为拉张或张剪性活动，控制了晚三叠世、晚侏罗世及白垩纪的沉积和火山喷发活动。

4.1.2 中国华北地区北东向构造体系

华北地块自古元古代末的吕梁运动之后，长期处于稳定的环境，自长城纪开始到三叠纪无明显的角度不整合界面存在，即使在广泛影响中国陆壳结构演化与发展的晋宁运动和加里东运动，本区也仅表现为区域的不均衡隆升与沉降，造成华北地块上广泛缺失震旦系和志留系—泥盆系，而使寒武系、中石炭统分别与下伏的中新元古界或下古生界岩系普遍呈平行不整合或超覆不整合接触。吕梁运动的变形变质带及长城纪初的裂陷带，在山西陆台及燕山—阴山地区均有北东向展布的古老构造形迹、形体存在，因而华北地块尤其山西陆台是否存在北东向构造体系，长期未能定论。

1. 山西的北东向构造带

山西陆台寒武系—奥陶系各组厚度的变化，反映早古生代构造方向为北东—南西向，呈相对的凹陷、隆起带（图4-1）。而晚古生代山西陆台主要为近南北向和近东西向隆沉带，其中时有北东向槽盆出现，如太原期的五台—汾阳槽地，山西期的夏县—沁水隆起。晚石炭世山西期山西陆台仅有沁水水下隆起和中条古隆起呈北东向展布，显示了北东向构造的继承性演变。到二叠纪下石盒子阶段，则仅在长治以东的晋东南地区的晋城凹陷呈北东向展布。

另外，从华北地块晚石炭世蜓科化石带的分布看，这一阶段北东向构造仍有显示（图4-2）。

以上资料表明，华北地块上有古生代北东向构造形迹显示，它们应是北东向系在华北稳定地块上的表现。其特征主要是宽缓隆沉与断裂的继承性活动，构造变形不显著。

2. 北缘的北东向构造带

华北地块北缘阴山—燕山—辽东地区，经李锦蓉等十余年来的野外考察，古构造筛分，沉积岩相古地理、古构造分析，查明在本区内具长期发育历史，定型期为印支期。它主要为一套北东向褶皱带、冲断带以及构造岩浆岩带等，包括太行山北麓—军都山褶皱带、兴隆犁树沟—王小沟褶皱带、唐山—凌原褶断带、柳各庄—朝阳褶断带、三道沟—阜新褶断带和锦州—医巫闾山隆断带。现举例简介如下。

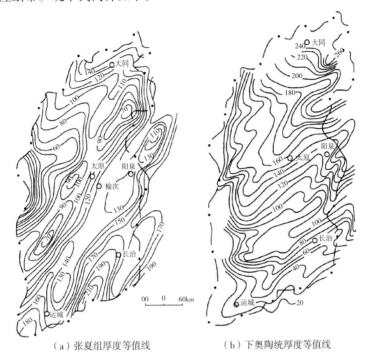

（a）张夏组厚度等值线　　　　　（b）下奥陶统厚度等值线

图 4-1　中国山西古生代构造演化示意图（据《山西省区域地质志》，1985）

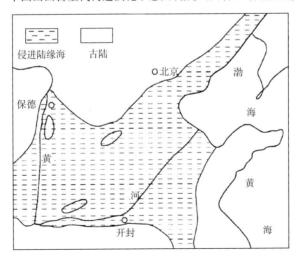

图 4-2　中国华北晚石炭世时古地理图（据王国莲，1989）

（1）太行山北麓—军都山褶皱带：该褶皱带分 3 段，呈北 40°～50°东走向多字型斜列，往北受东西向断裂带反接复合或切截。南段有白涧复式背斜、东杏河向斜、茶山背斜等，由中新元古界—古生界组成；中段包括齐家庄褶皱束、石景山褶皱束、凤凰山向斜、石门营背斜、万佛寺—石景山向斜、桑峪村—高井背斜、香山向斜、木城涧向斜等。这些单式背、向斜，由浅变质的古生界—下三叠统组成。晚三叠世或早侏罗世盆地不整合其上。

（2）唐山—凌原褶断带：该带南段为唐山褶皱带，分布在华北平原区，有唐山向斜、高洛沽向斜等，由石炭纪—二叠纪含煤地层组成核部。北段为凌原褶断带，从喜峰口至向阳呈北东向，延长300km，呈多字型斜列。其中凌原太平沟—叨尔噔褶皱束为线型褶皱束，由中新元古界—三叠系组成，背斜轴呈北25°~30°东，延长26km。与褶皱轴平行的一组断裂中有闪长岩侵位，其年龄值为204Ma。在榆树林子一带，以断裂和岩浆活动为主。如叶柏寿断裂，呈北60°东，舒缓波状延伸，延长30km，夹透镜状岩片，或伴生次一级紧闭褶皱和冲断。同时，沿断裂有印支期花岗岩、二长岩侵位，其同位素年龄分别为224Ma和228Ma。

（3）柳各庄—朝阳褶断带：该带可分3段，南段包括马各庄向斜、山岭高背斜、三岔口向斜等，为由中新元古界组成的短轴褶皱。中段在建昌以西，为南窑—老厂子倒转向斜，延长39km。其中公营子以北由雾迷山组—二叠系组成，轴向北20°东，公营子西南轴向北50°东，由高于庄组—三叠系组成；在喀左杨树沟向斜形态完整。

3. 鄂尔多斯盆地的北东向构造带

在本区的基底和晚古生代明显表现为一套北东向展布的断裂带和隆起的坳陷。基底断裂带自北而南为定边—榆林断裂及吴旗—绥德断裂，另外，还有黄龙、蒲城等断裂带（图4-3）。

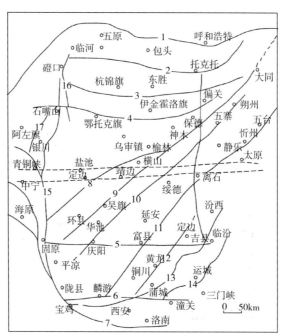

图4-3　鄂尔多斯盆地周缘及基底断裂分布特征

东西向断裂带：1—五原北—呼和浩特断裂；2—临河—托克托断裂；3—杭锦旗—东胜断裂；

4—石嘴山—偏关断裂；5—固原—临汾断裂；6—麟游—潼关断裂；7—宝鸡—洛南断裂

北东向断裂带：8—定边—榆林断裂；9—环县—大同断裂；10—庆阳—朔州断裂；11—富县—离石断裂；

12—黄龙断裂；13—蒲城断裂；14—运城断裂南北向断裂：15—银川—固原断裂；

16—桌子山断裂；17—银川西断裂

（1）庆阳—朔县断裂：该断裂呈北东向延伸，与富县—离石断裂平行，分别是古元古界和新太古界内部的断裂。反射地震资料在沉积盖层中未发现有断裂的存在，从而推断它们可能主要活动于新太古代—古元古代。

（2）富县—离石断裂：该断裂亦呈北东向延伸，北起山西忻州，向南经离石、富县到永寿。该断裂在航磁图上反映明显，是正负磁场分界线，重力异常图上也有反映。据推断该断裂南北两侧的基底分别为新太古界和古元古界，因而也是控制基底岩性的断裂之一，属超壳断裂。断裂形成于古元古代，元古宙后活动微弱。该断裂可能是元古宙裂谷（晋陕拗拉槽）的南部边界。

（3）基底航磁异常带：该异常带包括两个正异常带（陇县—延安、韩城）和两个负异常带（吴旗—榆林、黄陵—离石）（图4-4）。

图4-4　鄂尔多斯盆地航磁异常图（据长庆油田，1983）（单位：nT）

（4）基底重力异常带：该异常带由华池—兴县、黄陵—离石、韩城—临汾3个正异常带夹2个负异常。

晚古生代显示北东向系构造吕梁隆起和延安坳陷。在寒武纪，出现北东向神木—宜川坳陷带、乌审旗—志丹隆起带。这一体系在晚古生代仍有活动对其沉积有一定控制作用（图4-5、图4-6）。

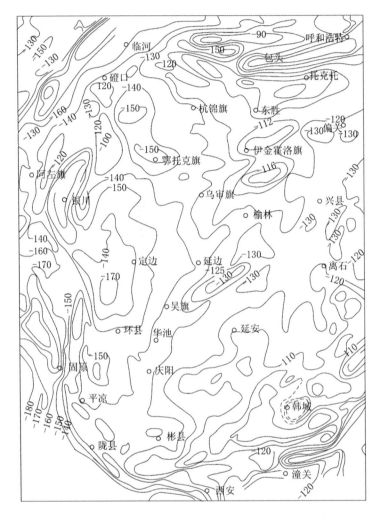

图4-5 鄂尔多斯盆地布格重力异常图（据长庆油田，1983）（单位：mGal）

4.1.3 中国华东皖、鲁、苏地区北东向构造体系

本区处于华北地块东南缘与扬子地块毗邻区，震旦纪—中三叠世这一地史时期，无强烈的构造变动，但一些北东向的巨型隆起坳陷却时有表现，到中三叠世末期—晚三叠世初期，强烈的印支运动使本区发生了剧烈变形，形成了一套以北东向为主体的强烈变形变质带，即北东向构造体系。它们斜接、部分重接于古北东向隆坳带之上，两者在走向上略有交角，除个别构造带外，变形变质程度有较大差异。本区印支运动形成的北东向构造形迹，主要有以下几个构造带。

1. 辽南—徐淮复向斜

它展现于大别(淮阳)—胶东隆起带西北侧,以震旦系为主体,组成一北东向S型构造带。前人对徐淮、辽南地区震旦系地层对比做过大量工作,肯定它们属同一环境下、同时期的产物,即当时为一通过鲁中的S型海槽,以有限台地相含硅钙镁碳酸盐岩沉积为主。这套地层向西南达豫皖毗邻的四十里长山。豫西嵩山与本溪及胶东地区地层层序同淮南地区发育层序大体相当,甚至地层厚度都很接近,为同一海盆的两侧。

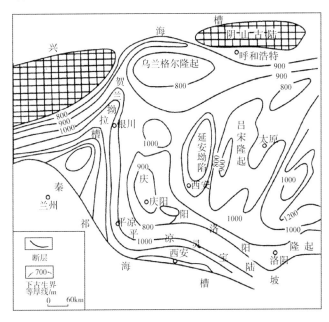

图4-6 鄂尔多斯盆地及邻区早古生代构造略图(据郭忠铭等,1994,修改)

2. 皖复向斜

又称沿江断褶带,它展布于苏皖地区长江两岸,大体以滁河断裂带为其西北界,南西延经庐江孔城—高埠河—潜山东侧,南临江南古隆起。该带中部为南京仪征水下隆起,早震旦世沉积物不足400m厚,而两侧坳陷中却可达1000m以上,晚震旦世沉积以局限台地相的白云岩为主,这种隆起状态一直保持到寒武纪末期。奥陶纪—志留纪,北侧滁河坳陷消亡,并与沿江带连成一片,故坳陷仅限于南侧,并接受了浅海—滨海相碳酸盐和单陆屑砂泥质沉积。晚泥盆世以来,这个水下隆起地带被更次级隆起、坳陷所复杂化,晚石炭世才转为坳陷地带,并成为下扬子坳陷的沉积中心。三叠纪坳陷带中心部位变成一狭长的海槽,呈S型展布,是下扬子地区唯一的沉降带。

沿江断褶带经印支运动形成褶皱带,褶皱和断裂都很发育。因其处于北东向系与淮阳山字型前弧东翼的复合地区,褶皱构造最显著的特点是呈S型展布,伴生的走向压性、压扭性断裂发育,有规模较大的印支期二长花岗岩类岩体侵位。

3. 大别—胶东隆断带东南边缘构造动力变质带

这个带沿大别—胶东隆断带东南缘的主要断裂带展布,以沿断裂带出现一系列北东向高压、超高压动力变质矿物带为特征。它南起安徽宿松的河塌,向东北经潜山、岳西和桐城一带，在庐江县附近被郯庐断裂带穿切，但在庐江西侧三里同等地仍有显露，再经肥东西山驿过张八岭、滁州三界至江苏盱眙、新沂、东海等地断续延经山东日照、青岛，直抵文登进入海域，断续长达1000km以上，宽数千米至数十千米不等，总体走向北40°～50°东，在郯庐断裂穿切地段局部近北北东向。因其受后期北北东向系等的切割、改造和错移，在平面延伸上有时不连续，或显雁列状，它们是大别—胶东隆断带东南缘的强大的断裂带。沿这个断裂带岩石挤压破碎，碎裂岩、糜棱岩、片理化、透镜体化发育，并常见蓝闪石、多硅白云母、绿辉石、石墨、绿泥石、硬玉、红帘石等构造动力变质矿物和带状展布的蓝闪石片岩、多硅白云母片岩、榴辉岩等高压动力变质岩，并有柯石英出现。应力矿物的同位素年龄测试资料表明，这些动力变质矿物主要年龄值为印支期，仅少数为新元古代和燕山期。其中榴辉岩Sm－Nd等时年龄均在221～244Ma间（李曙光，1989；徐树桐，1992）。构造动力变质岩带主要形成期与区内强烈构造变形期相一致。

4.1.4 华南地区北东向构造体系

在秦岭—大别山系以南的华南地区，北东向构造体系分布相当广泛，以规模巨大的隆起带为主体，构造成分以复式褶皱和断裂为主，也有花岗岩—混合岩带、热动力变质带、韧性剪切带。北东向构造体系按形成时期可以划分为加里东期和印支期两期，由于受到其他构造体系的限制和强烈干扰，多呈S形分布。另外，在前震旦纪系中还存在一些古北东向构造带。华南地区的北东向构造体系包括3个一级隆褶带，从西向东为龙门山—玉龙雪山隆褶带、天目山—九岭山—雪峰山隆褶带、闽—赣—粤隆褶带，以第二带规模最大，第三带次之。3个隆褶带之间为大型的川黔古生代坳褶带及湘桂粤赣晚古生代坳褶带，构成北东向"三隆二坳"的北东向构造格局。

1. 龙门山—玉龙雪山隆褶带

该带总体呈北东向伸展，向东北抵汉中，与北西西向祁连—大别带相交接，被秦岭东西向带所斜接复合，向西南经康定与北西向丹巴复背斜和川滇南北向带反接复合，过川滇南北向带后经锦屏山、玉龙雪山，西南延至点苍山东侧，与北西向的哀牢山构造带反接复合。它横断扬子—塔里木地块中部，又被川滇南北向带分割为两段，东北段称龙门山断褶带、西南段称盐源—丽江断褶带，以广泛发育推覆构造为其特征。

（1）龙门山断褶带：北起陕南勉县，经广元—茂汶、灌县—宝兴、天全，斜插入川滇南北向带达泸定以远，长达500km、宽仅25～40km，由北东向的褶皱、扭压性断裂、挤压破碎带组成，总体呈北40°～50°东方向延展。组成该构造带的主要构造形迹是4个复背斜、3个复向斜和4条规模巨大的走向压性、扭压性断裂带。4个复背斜分别称轿子顶—牟托复背斜、彭灌—九里岗复背斜、宝兴复背斜和天井山复背斜，前三者的核部出露前震旦纪及晋宁—澄江期中酸性岩浆岩，两翼由震旦系—三叠系组成，它们呈多字型斜列，系主构造带遭受逆时针方向扭动作用所致。3个复向斜是武安复向斜、盐井—五龙复向斜、唐王寨—仰天窝复向斜，卷入地层为震旦系—三叠系，其间未见角度不整合，单个褶皱轴向北45°～60°东，两端作S状弯转，雁列轴北45°东。4条巨大断裂是青川断裂带、茂汶断裂带、北川—映秀断裂带和江油—灌县断裂带，它们走向为北45°～60°东，延长200～400km左右，前三条切割三叠系及以前的岩层、岩体，后一条切割了侏罗系，断面均倾向北西，倾角一般 50°~80°；北川—映秀断裂南段倾角仅 20°，断面波状弯曲，斜冲擦痕常被水平擦痕掩盖，断裂构造岩发育，断裂带在剖面上呈叠瓦状。根据其变形特点和切割地层关系，这些断裂主要形成于印支期，燕山期还有所活动，而喜马拉雅期则表现为逆冲推覆与顺时针方向水平错移(图4-7)。它们与青藏高原隆升向东推挤和南北向带挽近活动具有成生联系。

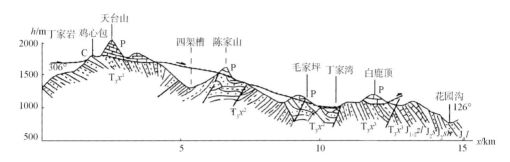

图 4-7　彭县天台山—白鹿顶飞来峰构造剖面图(据《四川省区域地质志》，1991)

　　(2)盐源—丽江断褶带：它斜贯于川滇南北向带与三江南北向带之间，过去称为扬子地块西缘坳陷，它大体被夹持于北东向的金河—箐河断裂带与小金河断裂带之间，是古生代以来长期处于缓慢沉降的地带，盖层发育齐全，最厚达 16500m，尤以泥盆系和石炭系发育良好，带内基底岩系未出露，震旦系—三叠系中统的沉积建造多属扬子型，晚三叠世以来则与扬子型有差异。从变形特点看，可分为金河—永胜褶断束与盐源—鹤庆坳褶束两个次级单元。从区域建造资料分析，盐源—丽江断褶带主要在印支运动褶皱隆升，而加里东运动也对本区有重要影响，使其两端缺失志留系，一些地区泥盆系平行不整合于震旦系灯影组之上。

　　(3)龙门山—玉龙雪山断裂带：总体呈北东向，北东端达汉中一带，南西段直抵哀牢山断裂带，其后期活动是否超过哀牢山而抵滇西南，认识尚不一致。

　　该断裂的主要组分有东北段的小金河断裂、北川—映秀断裂和茂汶断裂，西南段的小金河—三江口断裂、金棉—丽江断裂和箐河断裂，一般均属深大断裂，总的走向为北东向。古生代—三叠纪由南向北沉积环境逐渐加深，沉积厚度逐渐加大。西南段的箐河—金河断裂在新元古代曾有过较强的活动。海西晚期沿几条断裂也发生过较强的活动，沿箐河断裂、小金河—三江口断裂、金棉—丽江断裂均有基性岩浆的喷发和侵入活动。这些特征表明，这一组断裂在古生代—三叠纪有过明显的拉张活动。该断裂系向东北经盐源一带，在川滇南北向带西侧逐渐偏北，呈北北东向，渐与南北向构造体系的雅砻江断裂带斜接-重接复合，沿带逆冲推覆构造和飞来峰发育。

　　川西北龙门山段，主要有茂汶深断裂，北川—映秀深断裂和江油—灌县大断裂。北川—映秀深断裂带被前人所称为龙门山主中央断裂，它走向北东，长达 400km 以上。断裂带平面上多分叉复合，断面波状，并有叠置的推覆岩片夹于其间。龙门山断裂带的基本特征是：推覆挤压带后部上叠岩片经受韧性剪切形变，中部以韧性形变为主，伴有脆性形变，前部下置岩片属脆性形变；从变形特点看，后部为动力变质，有中压动热渐进变质带及混合岩化现象，中部仅沿剪切带的劈理、片理中出现新生应力矿物或变质矿物，前缘岩片基本上无变质作用；从运动学特征看，剪切滑移而伴生的拖曳柔性剪切褶皱轴面、滑移剪切擦痕、砾石拉伸线理、矿物旋转方位等均一致指示推覆岩片自西北向东南方向逆冲运动；从推覆时间看，自西而东从印支末期开始，经燕山期至喜马拉雅期，表现出构造应力多阶段多期次连续向东南挤压、迁移、依次推叠的过程。

龙门山—玉龙雪山构造带最显著的结构特点是：沿构造带推覆构造或推覆体广泛发育。它的主体部分基本上是由众多的推覆体和飞来峰所组成，尤其是龙门山地区，可以说是由推覆体堆砌而成的推覆山脉。航磁资料表明，该构造带处于区域性北东向负异常带，其中的局部升高的线性异常和连续负异常梯度带显示了主要断裂带的位置，异常带内基本上不存在强磁异常，即使在已出露的岩浆岩体上磁异常仅 90nT，且呈自行圈闭的孤立异常，这说明该磁性体延深有限。横穿"彭灌杂岩"的重、磁剖面证明杂岩体延深不大，为漂浮"无根"的杂岩体。该带的褶皱变形变质作用，主要发生在印支运动期间，它是在印支运动挤压变形逆冲的基础上，主要断裂转为逆冲推覆，发展成形于燕山期，定位于喜马拉雅期，形成规模不等的推覆构造和飞来峰，沿龙门山—玉龙雪山构造带的前缘不仅有侏罗纪—白垩纪磨拉石建造，也有古近纪—新近纪、第四纪磨拉石建造，表明这个推覆带的发展具有长期性和多阶段性。推覆构造的冲断带在剖面上多呈犁式，倾向西北，倾角在地表一般为 50°～60°，向下往往变得很缓，仅 5°～10°。据石油地震资料，龙门山区在地表下 21km 左右有一低速层，是理想的主滑移面，关于推覆体位移距离，根据飞来峰现在的位置与其岩性、时代相似的根带位置，推算其最大位移距离为 30～40km。由于该带挤压推覆发生于地壳浅部，无深层次构造背景，所以无相应的岩浆活动和超变质作用，但主断裂带后部及中部已有中高压动力热变质作用、混合岩化和应力矿物出现。青川大断裂中有蓝闪石相高压变质岩带和顺片理分布的花岗岩脉群带，同位素年龄为 223Ma，亦属构造动力变质产物。

2. 天目山—九岭山—雪峰山隆褶带

该带是华南构造体系的主体，包括江南隆起及其边侧的褶断带。古生界褶皱（包括部分新元古界褶皱）为主的北东向构造保存较完整，形成一个较连续的反 S 型北东向构造带。隆褶带核部为前震旦纪浅变质岩，古生代及早中三叠世地层组成其宽大的两翼，向东隐伏于苏南平原之下，并继续向黄海和东海之下延伸。北东向苏州隐伏断裂带是其重要成分。该带向南西横贯黔中地区。该隆褶带内的北东向构造，除定型于印支期的北东向系晚期构造外，还有由下古生界组成的北东向系早期构造，两者轴向一致，变形相似，但强度不一，它们以加里东运动为界面。另外，该带还归并了由中新元古界组成的古北东向构造带，它们的方位相近，继承性活动十分明显。该隆褶带在早古生代时期是东南沿海活动性沉积区（槽区）与西部稳定沉积区（台区）的分界带，至晚古生代初期，又是东南部"华夏古陆"的西北边界。由于后期受到其他构造体系的严重干扰，其方位偏转，形态奇特，南北翼很不协调，甚至被掩覆而不连贯，组成北东—北东东—北东向的反 S 型构造。主要组成成分如下。

1）天目山—怀玉山隆褶带

此为天目山—九岭山—雪峰山隆褶带的北东段，位于苏、皖、赣毗邻的怀玉山、天目山区，由天目山—怀玉山复式隆起带及一系列断裂带和一些花岗岩岩体组成，包括安吉—祁门—景德镇复背斜带及其南、北边侧的杭州—开化复向斜带、宣城—东至复向斜带 3 个一级构造带。安吉—祁门—景德镇复背斜带为北东向，轴部大体位于祁门—景德镇一带，由中元古界板溪群、双桥山群浅变质岩及震旦系组成，两翼为下古生界及中三叠统。由古生界组成的天目山复背斜带是其东延部分，再向东隐没于江苏平原之下。宣城—东至复向斜带包括牌楼复向斜、七都复背斜、太平复向斜等一系列开阔型褶皱，轴向北 40°~60°东，主要由古生界组成，背斜轴部为前寒武系或寒武系，向斜核部为志留系或二叠系、三叠系。杭州—开化复向斜带，由北 50°东的杭州—开化复向斜以及南翼的临浦—寿昌、兰溪—江山复向斜和北翼的武康—鲁村、长兴—孝丰复向斜组成，并由下古生界及上古生界和中下三叠统分别构成轴向相近的早、晚两期北东向构造形迹。

该隆褶带内与之伴生的区域性断裂也很发育，主要有江南、皖浙赣、赣东北、江山—绍兴等深大断裂，它们主倾东南，多期活动和推覆、滑覆特征明显。以江南、江山—绍兴断裂带为例简介之。

江南大断裂带：斜贯于皖南山区，经宣城、东至，向西与江西修水—德安深断裂相接，向北延至江苏溧阳一带，切割印支期侵入岩，沿断裂带为航磁异常递变带。它形成于加里东期，对古生界岩相、厚度和生物群有明显控制作用，定型于印支期。

江山—绍兴深断裂带：该带规模巨大，长 280km，宽约 10km，略呈 S 形，航磁表现为宽达数千米的异常带。沿断裂多期变形变质、岩浆活动强烈，但古生代—中生代早期的活动可归属北东向构造体系。该断裂带北西侧双桥山群和东南侧陈蔡群韧性变形强烈，逆冲断裂发育，形成叠瓦式对冲构造带及宽达 10km 的混合石英闪长岩带、片理化混合斜长花岗岩带及千糜岩带，并有大量透镜状超基性岩产出。该断裂多被视为是江南、华夏两个古陆块在晋宁期和加里东期对接碰撞的产物。值得指出的是，被志棠组不整合覆盖的前震旦系变质基底中的上述北东向挤压性构造是有别于早、晚期华夏系的古北东向构造带。

2）幕阜山—九岭山隆褶带

此为天目山—九岭山—雪峰山隆褶带的中段，主体为由幕阜山复背斜带和九岭山复背斜带组成的隆褶带，其南、北侧分别为萍乡—乐平复向斜带及湖口—通山复向斜带。复背斜轴部为中新元古界浅变质岩系及花岗质杂岩体，两翼为古生界及下三叠统；复向斜轴部主要为下三叠统，两翼为古生界。幕阜山复背斜带走向为北东—北东东，略呈向西北凸出的弧形。其南面尚有武功山复背斜带与之相随。

在幕阜山—九岭山隆褶带边侧，同向断裂带十分发育，修水—德安、宜丰—南昌、萍乡—广丰等断裂带是其代表。它们多期活动明显，有些还具强烈的推覆、滑覆特征。修水—德安断裂带位于九岭隆起北缘，构造混杂岩块发育，韧性变形明显，控制古生界沉积及燕山期花岩带展布。宜丰—南昌断裂带位于九岭隆起南缘，倾向北西，倾角大于 60°，由一系列叠式逆冲断层组成，脆韧性变形十分明显，并控制中元古代火山岩带及中新生代基性、超基性杂岩带展布。宜丰—南昌断裂与其南部的上高七宝山—高安新街逆冲断裂带，在印支期—燕山期向南逆冲，共同构成双带式逆冲扇或双重逆冲构造，组成九岭南缘逆冲推覆构造（朱志澄等，1987）。萍乡—广丰断裂位于武功山隆起北缘，为扬子地块与华南褶皱系的分界断裂，并对应深部构造变异带，对新元古界、下古生界的沉积厚度有明显控制作用，此外还有基性超基性岩体产出。

3）雪峰山—雷公山隆褶带

属天目山—九岭山—雪峰山隆褶带的西南段，以大型隆褶带为主，同向断裂带也很发育，被沉麻盆地分隔，北东段与区域东西向构造带联合，形成向西北凸出的巨大"雪峰弧型构造带"。它也可划分早、晚两期：早期北东向构造体系由中新元古界和下古生界组成，形迹清晰；晚期北东向构造体系发育于早期北东向构造体系坳陷带内，由上古生界及中下三叠统组成，因受北北东向构造体系的干扰破坏，形态很不完整。从北东向南西包括武陵山褶断带、安化—桃江褶断带、黔东南褶断带和雪峰山褶断带4个次级构造带。

丘元禧等研究了江南—雪峰地区的层滑作用，在雪峰隆起端的湘桂黔毗邻区，发现和厘定了加里东期的褶皱推（滑）覆构造。构造样式主要为近平卧的褶皱和逆掩叠瓦构造扇，它以板溪群为主体包括震旦系、寒武系、奥陶系组成巨型平卧褶皱的上翼，宽约300km并被上古生界不整合覆盖，前缘带位于独山—施秉和凯里桂丁—镇远之间，发育一系列南东顷的叠瓦式冲掩构造带。如在镇远施洞口至新城凉土凹一线，由五六条南东倾的北东向逆断层组成向西冲掩的叠瓦式构造扇，其中施洞口断层可见板溪群逆掩于寒武系之上，飞来峰、构造窗构造发育，丘元禧等认为是加里东期扬子地块东南边缘的碰撞挤贴所形成的大陆边缘褶皱山系和褶皱推（滑）覆构造。不言而喻，该期的层滑作用主要是早期北东向构造应力场的产物。

3. 闽—赣—粤隆褶带（武夷—云开隆褶带）

展布于闽西、赣东及粤西、桂东南等地，主要由前震旦系、下古生界变质岩和混合岩为核部的复式背斜带，上古生界为核部的复式向斜带及断裂带组成。由于受南岭东西向构造带的复合改造及北东向和北北东向构造的强烈干扰，而呈不甚连续的反S形，构成平行于怀玉—九岭—雪峰巨型隆褶带的又一个大型隆褶带。西永安至粤东梅县一带，是一个叠加在加里东隆褶带之上的海西—印支坳陷带，习称"永梅凹陷"。主体为北东向，晚古生代沉积了厚达4500m的单陆屑建造组合夹含煤建造和碳酸盐岩建造，上古生界组成过渡型褶皱并有永梅热动力变质带。

云开隆褶带为闽—赣—粤隆褶带的西南段，位于粤西桂东南的云开大山—六万大山地区，主体是由震旦纪、早古生代变质岩和混合岩组成的复背斜带，边侧还发育北东向上古生界褶皱及一些深大断裂带，包括东部和西部的大云雾山复背斜带和六万大山复背斜带，以及边侧的下古生界复向斜带。大云雾山复背斜带，即习称的"云开台隆"及其边侧深断裂对古生代沉积有明显控制作用，前震旦系和下古生界主要为活动型复理式沉积，厚约10000m。加里东晚期逐渐隆升，并发生强烈的区域变质、混合岩化作用及岩浆活动。六万大山复背斜带，构成钦州海西槽地的中部隆起带（六万大山隆起），并控制六万大山印支期花岗岩带的展布；两侧的钦州—灵山一带及博白—岑溪一带，志留纪—早二叠世沉积了厚10000m的类复理石建造，构成两条北东向坳陷带。在云开隆起边侧还发育一些北东向复向斜带，主要有阳春湾高要—清远、花县复向斜等，它们由上古生界组成，是云开地区北东向构造的组成部分。

另外，在云开隆起和十万大山隆起边侧，北东向深大断裂十分发育，如吴川—四会、岑溪—博白、灵山—钦州等深大断裂带。它们多期活动明显，并具韧性变形、热动力变质及多期次的滑脱拆离特征。它不但对古生界及加里东期、印支期花岗岩有明显控制作用，而且还控制侏罗纪、白垩纪盆地的成生发展。但是它们在早、晚古生代的活动形迹应是北东向构造的表现，中生代以来被归并为华南山字型前弧东翼的组成成分。

纵贯海南岛中部的琼中隆褶带，可能是云开隆褶带的延伸部分。主体为北东向琼中复背斜带，主要由元古宙和早古生代变质岩组成，轴部位于安定、琼中、乐东一带，因被加里东期—海西期琼中混合花岗岩和燕山期花岗岩所侵占，褶皱保存极不完整。北东向的南坤园向斜和儋县向斜是其代表。

在华南北东向构造体系3个一级隆褶带之间的2个一级坳褶带中，北东向构造也较发育。川黔古生代坳褶带中的北东向构造体系，大多被北东向系和北北东向系复合利用，但华蓥山、七曜山两条北东向断裂带是该坳褶带北东向构造体系的主干构造，它们对古生代北东向四川盆地的奠定起重要作用。在湘桂粤赣晚古生代坳褶带的湘南—桂东北及桂西北地区，早、晚西期北东向构造均可见及。如潇水流域可见由寒武系浅变质岩组成的紧闭型北东向褶皱，并被泥盆系所不整合。由上古生界组成的宽缓型褶皱亦较为发育，并有断层伴生。上述以加里东运动面为分划面的上、下是两类北东向褶皱及伴生断层，应分别是早、晚两期北东向构造的组分。

综上所述，中国东部北东向构造体系有如下基本特征：

（1）北东向构造体系以塑性形变为特征，常形成走向北东的大型复式隆褶带和坳陷带，伴有压性、压扭性大断裂带，大断裂多具继承性，并有中酸性侵入岩带和动力变质带产出。

（2）北东向构造主要定型于印支运动，在华南江南—雪峰隆褶带及其东南地区可以分早、晚两期。早期为加里东运动晚期形成的北东向隆褶带和坳陷带，伴有花岗岩带和动力变质带，主要见于武夷山—云开隆褶带；晚期为印支运动所形成，华南地区上、下古生界为角度不整合。两期褶皱带构造线方向基本一致，而在扬子地区、华北及东北地区东部广大地区，加里东运动以隆升为主，无明显变形变质作用及岩浆侵入活动。印支运动在中国东部形成了广泛的北东向隆褶带和坳褶带，变形变质作用大体一致。由于华南地区西期变形变质的叠加作用，因而呈现出北东向系东强西弱和南强北弱的表象。

（3）构造动力变质带和侵入岩带分布的不均一性。由于北东向构造波及不同地块，因而常在波及区内不同地块间形成强大的构造动力变质带和中酸性侵入岩带，如武夷山—云开隆褶带西侧的动力变质—混合岩带、花岗岩带；大别东缘—胶南高压超高压动力变质带；张广才岭—老爷岭构造岩浆带等。同时韧性剪切性的大断裂带较为常见，它们一般都具继承性活动，对古生代和早中三叠世岩相建造有明显控制作用。

（4）北东向构造体系，多遭受强烈的复合改造。它形成后受到后期构造体系的复合改造，使其变位或变形，故其位态奇特，或断续相循，或形成S型、反S型或弧形展布，如雪峰弧、九岭弧、阳春S型复向斜等。加之北东向隆褶带、坳褶带形成之后遭受过多次强烈的抬升，发生向边侧的多期次和多层次滑脱拆离，常显示隆起带向旁侧坳陷带的层滑作用，但以指向北西前陆坳陷的推滑作用为主，形成雪峰、九岭等弧型构造或龙门山带的推覆构造带等。

（5）北东向构造带对古生代和早中三叠世岩相建造和沉积矿产，加里东期、印支期岩浆岩带及有关的内生和变质矿产有重要控制作用。如古生代的铁、煤和海相油气等，在受北东向构造海槽控制的华南古生界和中下三叠统的浅海相沉积层中，普遍有油气显示，其中构造变动不大的平缓隆起区以及中生代推覆构造的披盖区带，可能是有利的海相油气聚集区带。

（6）北东向构造体系的主要构造区（带）在深层构造中有明显反映，但主要为北东向幔隆（坳）区和幔坡带相对应，特别是雪峰—九岭北东向弧型隆褶带等对应弧型幔隆区（带），地壳厚度为 30～40km，表明它们是深切地壳的区域构造体系。

在其地各地块也应不同程度存在这一构造体系，但因研究不均尚未厘定。

4.2 太平洋新西兰北东向构造体系

该体系处于太平洋地块与澳大利亚地块交汇处，由新西兰俯冲带区汤加海沟构成北东向构造体系，新西兰岛国由北岛和南岛构成，岛山北东向压性、压扭性断裂发育，并伴有火山岩带（图 4-8）。新西兰煤矿十分丰富（表 4-1）。

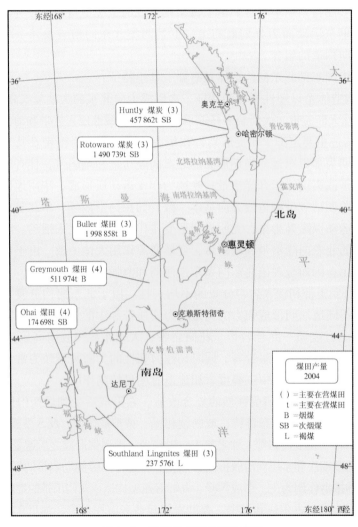

图 4-8　新西兰主要煤田分布图

表 4-1　新西兰主要煤田煤类型分类及产量统计表（2004）　　　　　　　　单位：t

地　区	烟　煤	亚烟煤	褐　煤	露天煤	地下煤	总　计
怀卡托	0	2053707	0	1611739	441968	2053707
北部地区	0	2553707	0	1611739	441968	2053707
西海岸	2526613	100175	0	2359212	267576	2626788
坎特伯雷	0	3722	0	3722	0	3722
奥塔哥	0	57051	1853	58904	0	58904
南部地区	0	174698	237576	394988	17286	412274
南岛	2526613	335646	239429	239429	284862	3101688
新西兰	2526613	2389353	239429	239429	726830	5155395

4.3　西北欧北东向构造体系

该构造体系位于欧洲西北缘，发育一系列北东向展布的中新生代盆地：伏令盆地、赫布里底海、米德兰谷等。并伴有断裂带及隆起带等（图 4-9）。

1. 赫尔杰兰盆地
2. 西设得兰盆地
3. 北明奇盆地
4. 外赫布里底海盆地
5. 赫布里底海盆地
6. 密德兰谷盆地
7. 柴郡盆地
8. 切尔特海盆地
9. 丹麦盆地
10. 布拉帮特隆起盆地
11. 莱茵盆地
12. 德国西北盆地
13. 德国东北盆地
14. 图林根盆地
15. 维也纳盆地
16. 特兰西瓦尼亚盆地
17. 普罗夫迪夫盆地
18. 西西里盆地
19. 撒丁盆地
20. 北坎塔布连盆地
21. 前亚平宁盆地
22. 布拉格盆地
23. 科西嘉盆地

图 4-9　西北欧北东向构造体系与盆地分布图

4.4 美国东部北东向构造体系

该构造体系位于美国东部地区，由多个中新生代盆地及构造隆起带组成，并伴有一系列北东向断裂带。其盆地有：圣劳伦斯、斯斜合、东海岸、魁北克、阿布拉契亚等盆地。各盆地内主要构造带、断裂带均为北东向展布(图4-10)。

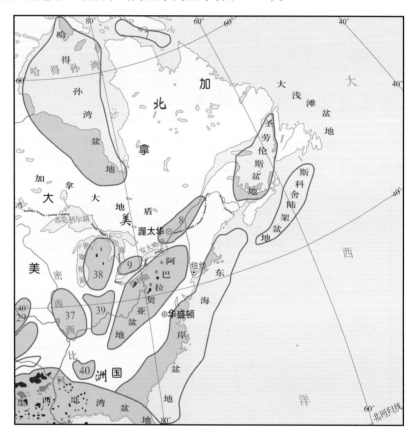

图4-10 美国东部北东向构造体系与盆地分布图

4.5 南美洲东部北东向构造体系

该构造体系位于南美洲东部近海区，由一系列中新生代盆地组成，如普地瓜尔，时长热诺、曹康长沃、阿布罗霍斯、坎普斯桑托斯、皮洛塔斯等盆地。主要盆地内发育有北东向的断裂带、构造带及岩浆岩活动带，构成个复杂的北东向构造体系。

4.6 非洲东部北东向构造体系

该构造体系位于非洲东南部，由多个中新生代北东向展布的盆地及加达加斯构造隆起带组成，各盆地边缘及盆地内有北东向断裂带及构造带。体系内主要盆地有：东非盆地、莫桑比克盆地、马任加盆地、木伦达瓦盆地、东乌达加斯加盆地等(图4-11)。

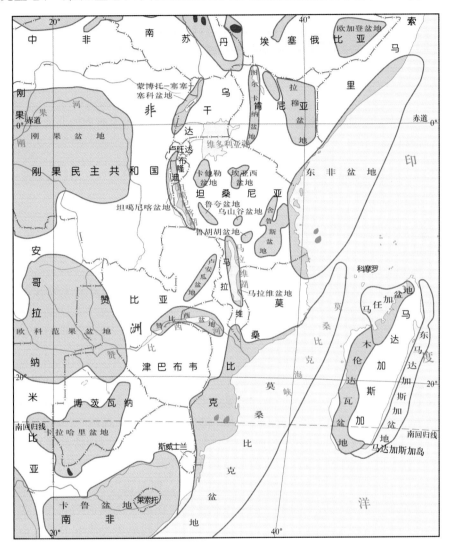

图4-11 非洲东部北东向构造体系与盆地分布图

5　北北东向构造体系

这一构造体系(在中国原称新华夏构造体系)由以中国东部为典型的北北东向展布的构造带及沉积带组成,在北美洲、南美洲及太平洋地区均有发育。

5.1　中国境内北北东向构造体系

该构造体系是中国东部和东亚濒太平洋地区的一个规模宏伟的多字型构造。总体看,这个构造体系主要是由走向北北东(北18°~25°东)的3条巨型隆起带和巨型沉降带构成的。中国东部的地势轮廓,明显由北北东向构造所控制。

北北东向构造体系最东的第一条一级隆起带,是东亚大陆边缘濒太平洋的强烈隆褶带,由北而南有:俄罗斯的干岛群岛,日本的日本群岛、琉球群岛,中国的台湾,菲律宾的吕宋岛、巴拉旺岛,以及由东北向西南穿过马来西亚和印度尼西亚的加里曼丹岛的诸山脉。其东侧毗连着一个大体上与隆起带走向一致的深海沟坳褶带。这条隆起带以西,由鄂霍次克海、日本海、黄海、东海和南海构成了一个巨大的沉降带。第二条一级隆起带由北而南由锡霍特阿岭山带、斜贯朝鲜半岛的紧密褶皱带和我国东南地区的武夷山等褶皱山脉构成。紧接着这个隆起带的西面,由松辽平原(包括黑龙江下游流域)、华北平原(包括下辽河和渤海地区)、江汉平原和南岭东西向带以南的北部湾等大型构造盆地构成了第二个巨大沉降带。第三条一级隆起带,最北的一段是大兴安岭,中段是太行山脉,南段是贵州高原东部地区的褶皱带。就在这个大型隆起带的西面,便是由呼伦贝尔—巴音和硕盆地、陕—甘—宁盆地和四川盆地构成的第三个巨大沉降带。在这个沉降带的西面,也许还存在北北东向构造体系的第四条隆起带。它大体从俄罗斯的奥列尼奥克隆起开始,向南经外贝加尔褶皱带和蒙古温都尔汗地区,再跨越贺兰山,一直插入四川西部的龙门山。这个隆起带,北段明显地呈多字型排列;南段在贺兰山和龙门山等地区,由于受到了另外的巨型构造体系(特别是反S型构造体系)的强大干扰和阻隔,显示较弱,出现了同其他构造体系逐渐过渡的复杂局面(图5-1)。

5.1.1　构造体系特征

这个巨大构造体系不但把中国东部广大地区的前古生代、古生代和部分中生代地层以及某些早期发生的巨大侵入岩体均卷了进去,而且在它发生的过程中,又多次贯入了大型侵入岩体和多期喷发的火山岩系。因此,这些巨大的隆褶带,就其组成看,不仅各带之间的情况各不相同,就是每个带本身的各个段落亦有明显差别。

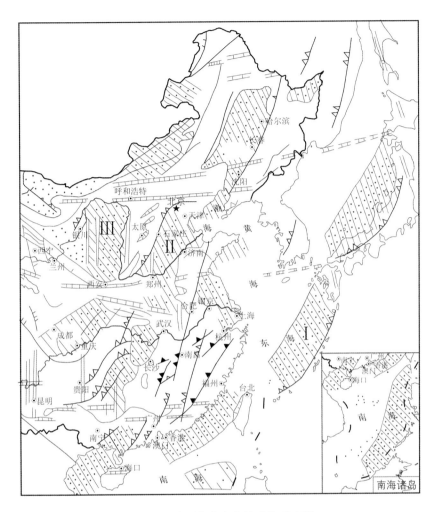

图 5-1 中国北北东向构造体系略图
Ⅰ—第一沉降带；Ⅱ—第二沉降带；Ⅲ—第三沉降带

东边的第一隆起带——环太平洋岛弧带情况极端复杂，各段几乎都有各自的演变历史。中国的台湾省处于这一隆起带的中段，它除了东部出露有浅变质的古生代地层外，古近纪—新近纪地层分布极广。

第二隆起带北段的西翼，大部分位于我国境内，由黑龙江下游起向南沿黑龙江、吉林、辽宁 3 省东部山地一直到山东半岛或山东东部的山区地带，主要是大片前震旦亚纪地层和花岗岩体，其次还广泛地出露着晚古生代巨大的花岗岩岩基和燕山期花岗岩体。第二隆起带的南段情况也比较复杂，轴部由前震旦纪板溪群和建瓯群中浅变质岩系组成，西侧基本上是古生代沉积岩系，而东侧则广泛地分布着中生代晚侏罗世、白垩纪酸性和中酸性火山岩。燕山期侵入的花岗岩纵横交织，遍布于这段隆起带。

北北东向构造体系第三隆起带北段主体是大兴安岭山脉所在，本区特点表现为：古生代晚期的海西花岗岩和中生代晚侏罗世、白垩纪的中酸性火山岩系分布极广，古生代地层只是以小片的零散的状态出现，另外还有一些燕山期花岗岩发育。中段太行山广大地区主要是前震旦亚纪深中变质岩系和其上覆的比较平缓的古生代岩层，在局部地段有中生代早期的三叠纪红色岩层，而几乎没有火成岩侵入体。至于第三隆起带的南段，情况与中段相似，在湘西、黔东、桂北一带，全区除有广泛的前震旦纪板溪群分布外，也普遍地出露一套古生代沉积岩系，而岩浆侵入体分布也很少。

与上述隆起带相辅而行的3个槽地（北北东向沉降带），从目前大量地质资料来看，它们发育的程度是有差异的，既有规模方面的不同，又有幅度方面的差别。但除少数地带——第二沉降带中南段外，一般地说，在形成过程中都发生了大幅度的坳褶，形成了巨厚的中生代和新生代的沉积。

上述褶皱带的地质概况表明，这个巨型构造体系的各个组成部分是极其复杂的。

北北东向平行褶皱带均受到其他构造体系——巨型东西向构造体系等的影响和干扰，同时它也影响和干扰了其他构造体系，因此，它们彼此形成了各式各样的、程度不同的复合现象和联合现象。这些现象不仅在第一级隆起带的总体趋向方面有所表现，而且在隆起带和沉降带内部的二、三级构造方面也有显示。北北东向构造体系同东西向构造体系的复合有两种情况。

第一种情况是，当北北东向隆起带接近东西向构造带时显示出极其突然地向东或向西转折，呈现不同程度的弧形弯曲，形成联合弧型构造。这种联合弧表现最突出的是东亚濒太平洋方向的第一条一级隆起带。它自北而南分为不连续的四大段，即千岛群岛段、日本列岛段、琉球群岛段和中国的台湾省至加里曼丹段。每当它们各段接近于我国大陆巨型东西向构造带的延线时，其南端向西弯转，而北端则向东弯转；每一岛弧的北段，由于还受到了几个南北向构造带的严重或强烈干扰，也不是正常的北北东走向，如千岛群岛北段、日本本州岛北段至海道之间、中国台湾省及其到菲律宾这一段。这几段岛弧尽管受到了东西向和南北向这两大体系的影响，但它们首尾相连的直线，大体上仍然保持着北北东的总方向。由于阴山—天山巨型东西向构造带和秦岭—昆仑山巨型东西向构造带的分隔，第三条北北东向隆起带分成大兴安岭、太行山脉和黔东地区的褶皱带3段，互不相连，当被分开的各段接近东西向构造带时，其南段则略向南西或南西西偏转，北段略向北东或北东东偏转。然而，这种影响并没有改变这一北北东向隆起带和沉降带呈北北东走向的总趋势。

第二种情况是，北北东向褶皱带穿越东西向构造体系，在某些地区两者呈现明显的反接关系，其实例是不少的。如北北东向第二隆起褶皱带的中段和南段以及第三隆起带的南段就是如此。北北东向系坳褶带在某些地区穿切巨型东西向构造带，在华北平原北部的下辽河盆地和平原南部的河南北部地区，表现最为明显。

发生上述两种复合现象的主要原因，可能与形成巨型东西向带的强大水平挤压应力在北东向系发育的后期消失有关。也就是说，北北东向系形成过程中的某一时期，当时东西向体系受挤压很强，则产生于晚白垩世前。另外形成南北向构造带的挤压在北北东向构造特形成过程中起作用，则导致了北北东向系的某一段或某一部分呈北北东偏北或近于正南北走向，如郯城—庐江断裂带、安阳断裂带以及太行山和黔东褶皱带的某些构造的走向，不是北北东（北18°~25°东），而是北10°~12°东乃至呈近南北方向。还有，由于北北东向系迁就或归并了某些较早发生的北东向构造体系的成分，它们就呈现弧状，有时自北而南甚至出现由北东转向北北东再转向北东走向的近似 S 状弯曲。第一、第二隆起带南段和广大的南海海域可能就是这种大规模迁就重接复合的实例之一。

因此，该体系这些巨大的、互相平行的褶皱带不但不是永远连在一起的，而且组成这个体系的构造成分也并不全是始终直指北北东方向。

北北东向系的北北东走向的褶皱带和压扭性断裂及其伴生的走向北北西的一系列张性断裂，在水平方向显示了一个巨大的多字型构造。每一个褶皱带(隆起带或沉降带)内部的二级构造往往也显示多字型排列或雁行排列。区域多字型构造的实例很多，如黔东褶皱地区，由黔东断裂带、梵净山复背斜、沿河复背斜和恩施复背斜 4 个二级构造带组成了一个由南而北依次向北东错列的雁行状多字型构造；又如湘中地区，由永兴—茶陵、攸县—醴陵和衡阳—湘潭 3 个白垩系—第三系(古近系—新近系)红色盆地同样也表现出一个由北而南依次向南西错列的雁行状多字型构造。若垂直这些褶皱带的走向来看，隆起带北西翼宽阔，而南东翼狭窄；地貌似乎也显示其北西侧平缓，南东侧陡急；槽地(沉降带)中沉积或残留的较新地层厚度最大的地段，一般均靠近沉降褶皱带的西侧。在横切大兴安岭、松辽盆地、张广才岭、锡霍特阿岭山、日本海和日本列岛的剖面上，横切陕—甘—宁盆地、太行山、华北平原、山东东部、黄海和琉球群岛的剖面上和横切四川盆地、黔东褶皱带、湘中盆地、武夷山至戴云山、台湾海峡和台湾省的剖面上，这一特点表现得极其明显。这就足以说明，这些相互平行巨大褶皱带的形态是极端不对称的，这种不对称表现出来的共同规律是，隆起带东翼陡、西翼缓，而沉降带两翼陡、东翼缓。隆起带陡的那一翼往往还存在同走向的向西倾斜的扭压性大断裂或断裂带，如第一条一级隆起带东侧的深海沟，第三条隆起带北段的大兴安岭东缘的嫩江—齐齐哈尔大断裂(或断裂带)、中段的太行山东缘大断裂和南段的黔东大断裂等，就是几个典型的例子。若从总的方面来看，这种不对称的、相互平行的、大致向北西西方向倾斜的巨大褶皱带轴面与那些巨大的断裂面就形成了一种叠瓦状构造。由此可见，在广大范围内，北北东向构造体系的组合规律，不但在平面上明显地表现了一种多字型形式，而且在剖面上也呈多字型，这是这一构造体系发育的一个极其重要的特点。

在北北东向系发生、发展的过程中，火成岩活动频繁而剧烈。它们主要是酸性侵入岩和酸性、中酸性喷出岩，在局部地区还有小型的超基性岩体或岩脉。花岗岩分布极为广泛，岩体或岩带的规模之大、数量之多，可与巨型东西向构造带控制的某些地段的花岗岩相比拟。就地表所见，与北北东向构造成生有关的花岗岩体主要集中出现于第二条隆起带，特别是它的南段和第三条隆起带北段的大兴安岭地区。在这些地区的某些段落，花岗岩类出露零散，岩体走向亦不太明显，但绝大多数岩体或岩带的展布方向，均与当地北北东向系构造走向一致，即使在构造复合区，如与巨型东西向构造带相复合的那些地区，花岗岩类展布的方向与北北东向构造的空间关系仍比较突出，也易于分辨。事实表明，这些岩体和岩带强烈地受着北北东向系各级构造的控制。第二条隆起带的南段，在江西、广东、福建境内有 5 个巨大的花岗岩带断断续续地出露，由东边起依次是：东南沿海边缘带、海丰—南靖—戴云山—屏南带、古田—顺昌—浦城带、河源—武平—光泽带和于都—宜黄带。北北东向构造第二条隆起带北段西翼，在吉林境内花岗岩分布也很突出，东边有汪清—延吉带,最西缘有宾县—磐石带。北北东向构造体系第三条隆起带北段,在大兴安岭南部有科尔沁右翼前旗—温都哈达带、北部有嫩江带和激流河带;中段在太行山北部有小五台山花岗岩带。另外,分割北北东向沉降带的那段巨型东西向构造带的某些地带,花岗岩类亦广泛分布,在燕山地区由东而西有阜新—锦州—抚宁带、赤峰—承德带和延庆—丰宁带,在南岭地区则有阳江—肇庆—四会带。必须注意,在某些地段,不少花岗岩在地表的显示虽然是一些局部的孤立的小型岩体,实际上在地下却往往循构造走向相连成带,从找矿来说,这应当引起注意。

该构造体系在形成过程中火成岩活动的另一种表现是以酸性和中酸性为主的火山岩大量喷溢。这些火山岩主要出现在第二条隆起带南段,即我国东南沿海广大地区和第三条隆起带北段的整个大兴安岭地区。它以巨大的规模循隆起带呈北北东方向分布。对于这些火山岩,先后有过多少期喷发还难以分清,但其中晚侏罗世和早白垩世两期喷发最主要是完全可以肯定的。有关这方面的细节,在说明构造体系的形成时期时还将述及。

这些巨型褶皱带(隆起、坳褶)的内部构造相当复杂。一般地说,每条褶皱带常包括若干规模不等、形态不完全相同的二、三级或更低级的构造带。这些较低级的构造成分主要是复式或单式背斜和向斜以及较复杂的扭压性断裂和断裂带,其次是大批的与这些压性构造相伴而生的张性断裂和扭性断裂。在正常展布的情况下,张性断裂与走向北北东的褶皱轴大体近于正交,即呈北西西方向;扭性断裂与北北东走向的褶皱轴相斜交,分别呈北东东和北北西两个方向,即泰山式断裂和大义山式断裂。此外,在构造带内部往往还发生有规模不等、形态也不相同的各类旋扭构造;在某些扭动较大的断裂一侧,还经常派生一些斜向的褶皱和压性断裂,共同构成入字型构造。就整个东部地区来说,伴生的构造各地发育情况不同,有的地区出现多而显著,在不少地区两组扭断裂往往还构成极好的棋盘格式构造;有的地区则少而零散,甚至只出现其中的一组断裂。

5.1.2 隆起带

1. 第一条一级隆起带

该带是北北东向巨大隆起带中最东边的一条隆起带,中国的台湾省是它的中南段。在台湾省境内,这段隆起褶皱带主要表现为由古生代地层和古近纪—新近纪地层组成的东翼陡、西翼缓的不对称的台湾山复背斜以及与这一背斜相平行的压性和扭压性大断裂。由于南岭东西向构造带和南北向构造带的强大影响,台湾山复背斜构造在其北端明显地向北东东弯曲,在其南端几乎折向正南,而不是首尾一直循北北东的走向。

2. 第二条一级隆起带

该带是3条巨大隆起带的中间一条隆起带。根据其在我国境内展布的特点,可将这个带分为辽(辽宁)、吉(吉林)、黑(黑龙江)东部斜坡—山东半岛带和武夷山—戴云山带两个部分来叙述。

1)辽、吉、黑东部斜坡—山东半岛带

显然,黑龙江、吉林、辽宁三省的东部山地一直到沂沭断裂带以东的山东半岛的广大地区,仅是这一北北东向隆起褶皱带北段的西翼,而并不是北段的全部。这个地区,由于前海西期花岗岩大面积出露，沉积地层相对较少，二、三级构造主要是走向北北东的扭压性大断裂或断裂带和大量的花岗岩体，而不是大型完整的褶皱。首先，在伊春西北出现有由白垩系组成的两个向斜，它们呈北北东走向，并且二者由北而南向西南呈明显错列。其次，在辽、吉、黑山地西部边缘，大体由依兰西边向南至伊通的西北一带，在海西期花岗岩和侏罗纪地层中，构造以一系列燕山期的花岗岩体显现出来，它们互相之间虽然未接连成带，但每个岩体都呈北北东方向。自长春—吉林一线以南开始一直到山东地区，向南纵贯安徽境内，它们集中发育的是大型的断裂和断裂带。这些构造尽管持续了相当远向距离，不仅穿越了阴山东西向构造带和秦岭东西向构造带，而且还跨过了广阔的渤海海区，但其走向基本上保持着北北东的方向，只是到了山东地区，开始由北北东方向变成北北东偏北的方向。根据其展布的密集程度，它们从东北到山东地区，由东而西大致可分为3个相互平行的构造带，即柳河—凤城断裂带、四平—营口—金县断裂带和沂沭断裂带。

柳河—凤城断裂带：最北端起于柳河盆地的西侧，中间一段比较模糊，但在凤城一带表现又相当突出。这一构造带基本循北35°东左右方向延伸，不但错断了巨型东西向构造带，也切割了北东走向的北东系构造；在不同的部位切割了不同的岩层，不但切割了前震旦亚纪变质岩系和古老的花岗岩，而且在较多的地段还错断了侏罗系。

四平—营口—金县断裂带：北端从四平的东边开始向南经辽阳、营口、熊岳，再南跨过渤海后进入山东半岛的蓬莱、莱阳直抵日照以南，形迹仍然很显著。很明显，它的北段接近了第二隆起带的西缘。从整体来看，北段走向约北35°东，南段走向一般保持在北5°~30°东。它们在辽东半岛地区多数错断了前震旦亚纪和古生代地层，在山东半岛最新地层是侏罗系—白垩系和燕山期花岗岩。这一构造带穿截燕山东西向构造带和北东系构造的情况，比前一个断裂构造带更加剧烈。

沂沭断裂带：以极突出的规模展现在山东中部地区，它的形迹十分明显，宽度很大。它控制着沂水和沭水的方向。由于沂沭断裂的剧烈影响，这一地带的前震旦亚系直接与白垩系断接，岩层显得十分破碎。据渤海物探工作揭示，这个断裂带进入莱州湾形迹仍相当强烈，至下辽河槽地东缘与前一断裂带可能合为一体。从航磁资料看，南至苏皖境内，此构造带仍以巨大的规模存在。这个构造带从山东南部的郯城起，向南经新沂、宿迁和泗洪一直抵嘉山以南的庐江，它与淮阳山字型构造的东翼重接复合，或以斜接关系切过了这个山字型构造的东翼。同时，它在山东的南缘还明显地切割了秦岭东西向构造带的北支—嵩山、通许、东海复背斜带。总的来看，该断裂带的走向，北段和前两个带一样，仍保持着北北东偏东，但南段却呈现北北东而略偏北的走向。航磁异常值的剧烈变化和近代不止一次地发生大地震，说明这是一个切割地壳较深的断裂带，同时它的深部可能有大量基性或超基性岩体。

2）武夷山—戴云山带

这一段隆起带主要是指武夷山和戴云山。它从浙江北部开始，向南经闽西和赣东南地区，直达广东的东部，在中国东南地区地貌上显示相当突出。前震旦纪板溪群和建瓯群广泛出露于龙泉、崇安、将乐、南平和三明等地，构成了隆起带的巨大轴部，东南沿海地区普遍分布的上侏罗统—白垩系中酸性火山岩，组成隆起带的东翼，而西翼在江西东部地区则主要由下古生代地层组成。这一隆起带构造形迹极其显著，不但有大型复背斜，也有巨大断裂带，同时还有与这些构造相伴生的大量燕山期花岗岩。可以看出，这些构造大体均循北北东的方向延展，但当进入南岭巨型东西向构造带时，复背斜褶皱虽变得十分微弱以至于消失，但断裂中有些大断裂却明显地转向南西甚至南西西继续延伸，构成了略向东南凸出的弧，这一点同北段隆起带穿越东西向造带的表现似乎是不同的。武夷山—戴云山隆起带自东而西大体可分成 6 个二级构造带，即东南沿海构造带、丽水断裂带、戴云山复背斜、将乐复背斜、武夷山复背斜和南城—于都断裂带。

东南沿海构造带：主要是由扭压性断裂、挤压带和断续分布的燕山期花岗岩组成。它的走向在莆田以北为北 20°~30° 东，在莆田以南，则向北 30° 东逐渐向南西转为北 55° 东。无疑，它东边的某些部分已被埋伏于海中。构造带最大宽度可达数百米。

丽水断裂带：北起于浙江北部的诸暨一带，南经丽水，终止于寿宁地区，是这 6 个带中规模最小的一个，它主要由 3 条彼此平行斜列的大断裂构成。除了其南段局部受到了南北向构造带的干扰外，整个断裂带循北北东方向延伸。由于强烈挤压，这一地区的晚侏罗世—白垩纪的中酸性火山岩地层表现出强烈的破碎。

戴云山复背斜：实际上是由戴云山大背斜、漳平大断裂和粤东揭西大断裂连续组成的一个构造带，是这些平行的构造带中延续最远、显示最好的一个构造带。它北端从浙江金华西北地区开始，往南穿过南岭东西向构造带，进入粤东，最后经惠东的南部埋伏于南海。戴云山复背斜其轴部有前震旦系断断续续地沿北北东方向分布，其东、西两翼主要为侏罗系和白垩系中酸性火山岩。由于被同走向的三明大断裂切割，复背斜西翼看起来显得极为窄小。这个构造带发育的特点是：总体呈北北东走向的戴云山大复背斜当接近南岭东西向构造带时突然消失，漳平断裂和揭西断裂两者接踵而起，并由原来的北北东方向折向南西，最后呈南西西走向。

将乐复背斜：北起崇安东部，南经将乐，最后达于古田一带，也是一个北北东走向的大背斜。它北段和中段轴部由前震旦系和下古生界组成，两翼普遍分布着上古生界和侏罗系。它南段的轴部为走向北北东的燕山期古田花岗岩岩体，两翼亦由上古生界和侏罗系组成。将乐复背斜中段以斜接关系切截了北东向构造的建阳复背斜，并在南段以反接关系切割了南岭东西向构造带，最后消失于广东梅县山字型构造脊柱的东侧。

武夷山复背斜：是该系第二隆起带南段两个复背斜中西边的一个。其发育地规模、形态特征和展布的总趋势与它东边的戴云山复背斜很相似，也是由一段背斜褶皱和一段大断裂结合而成的。背斜南段由武平直向北，经南丰以东直达资溪一带；在武平以南，则是以河源断裂为主的断裂带。武夷山背斜在轴部出现的最老地层为下古生界，而其东、西两翼分别有侏罗系和白垩系覆于其上，循北北东方向延展。其南段与南岭东西向构造带复合部分最突出的形迹是断裂和燕山期的花岗岩带，同时可以看出，它们之中只有河源断裂和花岗岩带延伸比较远，并显示出由北北东走向逐渐向南西或南西西转折的特点，其余多数断裂在南岭东西向构造带的南缘便基本消失了。

南城—于都断裂带：是由许许多多走向北北东的断裂和一系列同走向的燕山期花岗岩带组成的，在赣东南地区其形迹展布十分突出。这个带以东和以西，无论从构造形态的表现，还是从地层分布的特点来看，都是迥然不同的，可以说，它是新华夏第二隆起带南段西界变动极为强烈的一个构造带。它从临川东南起向南愈演愈烈，受其切割的早古生代和侏罗纪岩层显示剧烈的挤压和破碎。它的北段和中段以斜接关系切割了比它发生较早的北东向系，并被较晚出现的北东向构造穿切，在南段强烈地穿插于南岭东西向构造带中，并以反接形式与一系列走向东西的断裂一起交织成网格状。但可看出，这些断裂在南岭东西向构造带中始终保持了北北东走向，并未显示向南西西弯曲，因此出现了与它以东相邻的显著向南西西转折的弧型构造带似乎相顶的样子。

3. 第三条一级隆起带

该带是北北东向3条巨型隆起褶皱带中宽度最大、形态最壮观、延续性最好和各种特征反映最明显的一个构造带。由于阴山—天山东西向构造带和秦岭—昆仑东西向构造带的阻隔，它自北而南被分成大兴安岭、太行山和黔东褶皱带三大段，并显示与它东侧的沉降带一起，由北而南依次相对向西错列的形势，但各段的主体均一致呈北北东走向。

1）隆起带北段的大兴安岭地区

这一段隆起带的特征是以燕山期酸性、中酸性为主的火山岩系广泛分布，古生界或上古生界以及大量海西花岗岩体断续地出露于这些火山岩系之中。它们分布的总趋势是循北北东方向，其展布受到了这个隆起带的二级构造的控制，具体反映了走向北北东的一个复背斜和两个复向斜构造，即东边的大杨树复向斜、中间的鄂伦春复背斜和西边的克一河复向斜。在隆起带的东缘，大致沿嫩江一带还存在走向北北东的巨大扭压性断裂带。东边的大杨树复向斜实际上自北而南包括大杨树向斜、亚东向斜、乌兰浩特槽地和巴林复向斜，各段控制的地层主要是侏罗系—白垩系火山岩。这个大的向斜带北段和中段基本上保持着北北东走向，只是到了南段，大致在西拉木伦河一带便开始转向南西以至南西西向，构成一个显著向东面凸的弧形。中间的鄂伦春复背斜，就其规模看，无疑是大兴安岭的主体构造所在。它北端大体于呼玛尔河开始，向南经加格达奇、布特哈旗和呼林河，最后达于西拉木伦河一带。它的轴部，在北段是巨大鄂伦春—布特哈旗海西花岗岩，中段和南段出露的最老地层主要是上古生界变质岩系。它的两翼自北而南分布的皆属侏罗—白垩纪的火山岩系。尽管其北段受到了东西向构造带的穿插，中段遭受了一系列北东走向的构造的干扰，它纵贯大兴安岭，自北而南循北北东方向延展显得极为突出。南段从哈林河开始，至西拉木伦河上游，与其东侧的向斜带一样，发生了向南西以至南西西的急剧弯曲，显示出一段巨大的向东南方向凸出的弧形。这个背斜西边，就是另一个走向北北东的极其宽缓的克一河大向斜。它北起于克一河一带，向南延伸没多远，大抵在苏格河便消失了。这个大向斜所控制的主要地层是白垩纪火山岩。

2）隆起带中段的太行山地区

因为它是重叠复合于"山西地块"之上的，因此这一段隆起带实际上应当包括整个"山西地块"，而不仅是太行山这一部分。太行山的内部构造不仅有走向北北东的复式和单式褶皱，而且还有规模较大的扭压断裂带。这些构造比较集中地分成两个带，一个是东带，另一个是西带。东带是这段隆起带的主体所在，强烈地控制着"山西地块"的东缘，构成所谓"太行陆梁"。陆梁的北段是一个巨大的阜平复背斜，它的轴部是前震旦亚界滹沱系和五台系，其东、西两翼广泛地分布着震旦亚系、寒武系、奥陶系等地层。陆梁的南段是赞皇复背斜和高平—熊耳山背斜，组成这些构造的岩层，大体也是前震旦亚界和古生界。居于这两大复背斜之间的是一个极其宽缓的沁水大向斜，它是一个以三叠系为主的红色大盆地。很明显，在"山西地块"东缘，这些北北东走向的褶皱自北而南相互平行斜列着，共同组成一规模壮观的雁行状多字型构造。但它们之中的某些部分还受到南北向构造带极大的干扰。另一方面，由于秦岭东西向带的干扰，北北东向构造正常的北北东走向，由北而南出现了向西南或南西西方向的转折。如高平—熊耳山复背斜，北段基本呈北北东方向，向西南伸展，首先遇到了晋东南山字型构造的阻挠，其次在济源—洛阳等地遭受了第四系的严重覆盖。而后，在洛阳西南部，巨大的复背斜出现，但这一段的走向已不是北北东向，而是南西西向。因此，这一背斜带由北而南形成了一个显著向东南凸出的联合弧。"山西地块"西边的一个构造带，一部分大体出现于汾河上游，另一部分分布于汾河下游的东南部，即大致沿太岳山至中条山脉东端一带。前者主要有由侏罗系、白垩系组成的大同向斜和其南面在静乐一带出现的一系列褶皱，后者则主要是由一些断裂构成的断裂带。显然，它们二者不是互相紧密地衔接在一起的，而是作北北东方向自北而南向南西斜列的。汾河东南方面的这一断裂带，跨过黄河接着出现了巨大的崤山复背斜，它也如同东边的熊耳山一样，由北北东急剧地转向南西西，构成"山西陆台"与秦岭巨型东西向带之间西边的另一个大型的联合弧型构造。太行山北段与燕山东西向带的关系情况比较复杂，呈现联合、交接两种复合关系。

3）隆起带南段的黔东褶皱带地区

这一段隆起区的地质面貌与北段和中段相比是迥然不同的。它的最大特点是尚未见到同北北东向构造体系发生有关的火成岩，而内部构造却发育极好，不但存在北北东走向的大断裂带，而与断裂带走向平行的复式褶皱亦广泛分布。它们从东部的黔东大断裂起直至西缘的华蓥山背斜带之间，至少可分成 5 个北北东走向的构造带，即黔东断裂带、梵净山复背斜、沿河复背斜、恩施复背斜和方斗山—华蓥山褶皱群。在这些构造带之间，一般都伴随有一个狭窄的向斜。组成或者被这些构造影响的地层，包括中三叠世以前的各纪地层。复背斜的轴部一般是前震旦系的板溪群或下古生界下部，复背斜的两翼多为下古生界上部。这些构造展布的特点是不仅相互极为平行，而且明显地表现了由北而南依次向西南方错列，呈现出一个极其完美的雁行状多字型构造。在广西北部的柳州、宜山、河池等地，可以明显地看到这些构造带以反接的关系穿插于南岭东西向构造带之中，同时可看到，它们并未跨越整个南岭东西向构造带便逐渐消失了。各个构造带循这个隆起带向北延伸，以斜接关系切截了北东至北东东向构造后，其北段还略显示出向东弯曲的趋势。另外，构造带中的某些带显而易见地受到了川黔南北向构造带的剧烈影响，如沿河、恩施两个复背斜明显地遭受截切。在贵州镇远一带，正是由于这种干扰，导致了北北东走向的构造显著地向正南方向转折，甚至彼此之间表现出一种迁就或过渡的关系。

5.1.3 坳陷带

资料表明，同 3 个北北东向巨型隆起带相辅而行的 3 个沉降带，并不都是巨型的、简单的坳陷，而各带之间或某一带的各段之间，明显地表现出某些差别，有的带或某一个带的某些地段，内部构造是相当复杂的，往往发育有若干规模不等和形态不一的隆起（复式或单式背斜）、隆起断裂带、复式或单式向斜断裂带。这些大致呈北北东走向的二级或三级构造带的某些部分，显示出同隆起带内部构造极为相似的展布特点和组合规律。目前，对坳陷带的情况，还不能进行比较全面的叙述，只就其中某些最突出的部分作一些说明（图 5-2、图 5-3）。

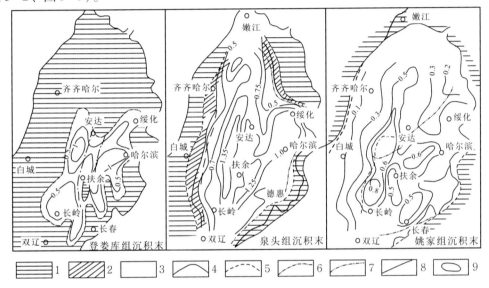

图 5-2　松辽盆地中新生代不同时期古构造及古地理略图（据大庆油田，1978）（单位：m）

1—隆起剥蚀区；2—湖滨区；3—坳陷区；4—现代盆地边界线；5—隆起与坳陷分界线；
6—构造分区界线；7—古地理分区界线；8—断裂；9—沉积等厚线

第二坳陷带，是这 3 个坳褶带中比较复杂的一个带。南段沉降的幅度比北段和中段略小，这是该带发育的极大特点。无论其北段的松辽平原和中段的华北平原，还是秦岭—大别山以南一段平原，均有显著的二级构造带存在，并表现为自北而南越来越复杂。根据地球物理揭示的资料，松辽平原和华北平原中，在某些地段显示的二级构造带既有复式或单式背斜，也有断裂或断裂带。它们显著地以反接或斜接关系穿截了走向北东的北东向构造，以截接关系与北东走向的北东向构造相复合。在这两个平原之间的燕山东西向构造带上，二级构造表现尤为突出，集中地分布于锦州和赤峰之间，自东而西有锦州背斜、六家子大向斜、建平—喜峰口大断裂等。当地强大的东西向构造和某些北东向构造明显地受到了它们的穿切。这些二级构造带与其南北两侧平原中的同级构造带似乎不是对应的或连续的。

在秦岭—大别山一线以南，二级构造带广泛地发育在湘东和赣西之间的广大地区，形

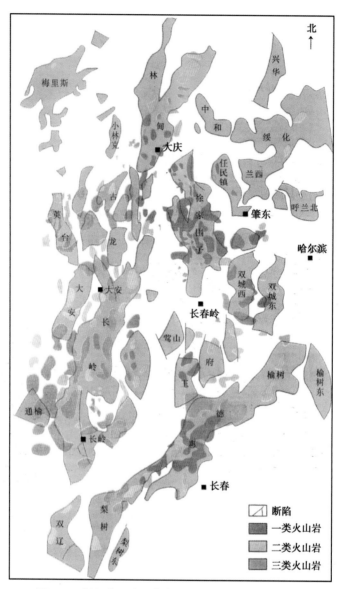

图5-3 松辽盆地中生代断陷及中生代火山岩分布图

迹极其显著，规模相当可观。它们北部从大别山地区起，向南经湘东、赣西纵贯广东中部地区，最后淹没于南海之中。这个构造带主要是由一系列走向北北东的山背（背斜）、大型断裂、断裂带以及和它们平行的若干个白垩系—第三系（古近系—新近系）红色盆地组成。根据其展布的特点，由北而南大致可分为北段和南段两部分。九岭山脉以北大别山以南这一段，北北东走向的断裂分布比较分散，但其走向却极为一致。它在秦岭以东不但穿切了秦岭东西向带的南支，而且还切割了淮阳山字型构造的前弧和北东向构造。南段分成东、西两带。东带在湘东、赣西之间，主体是由罗霄山、万洋山和诸广山等山脉形成的一个走向北北东的山岭，还有这一走向的扭压性大断裂，这个带在地貌上反映异常突出。可以看出，它重叠地复合于这一地带一个大型的南北向隆起构造带上，因此没有表现出南北向构造对它的任何干扰。这个带进到广东，沿韶关、英德最后抵于阳江地区，显著地穿越了南岭东西向构造带，并由原来的南南西走向开始逐渐地转向南西方向。西带在湘东地区，主体是由湘东有名的红色盆地和与盆地并行的大断裂组成。这些盆地是永兴—茶陵盆地、攸县—醴陵盆地、衡阳—湘潭盆地。它们不但一致保持着北北东走向的平行分布，而且还突出地显示了由北而南向南西错列，在这一地带形成一个中等规模的雁行状多字型构造。西带向南延展，在广东之西南部形成了强大的大云雾山断裂带，同东带情况相似，穿切了南岭东西向带，同时也出现了由南南西向南西转折的趋势。另外，第二沉降带南段，在广西的东部地区二级构造带分布亦比较明显，集中地出现在大容山的西北和东南。它们展布的特点与宽大的东带在广东地区的表现极相似，亦有由南南西向南西转折的趋势。

第三坳陷带中的二级构造带，主要出现于四川西南部和云南东部地区。它北端开始于川西龙门山的中部，向南经雅安、乐山、雷波、巧家、东川、曲靖和昆明，最后结束于个旧一带。看起来，它并没有穿切青藏川滇歹字型构造的哀牢山构造带，同时也未受到这一构造带的影响，而是逐渐地消失于哀牢山构造带附近。这一构造带的主体构造，是走向北北东的压性大断裂或断裂带，也有少数相并而行的小规模褶皱。从其展布看来，它既切割了多种构造体系，但在某些地段也被其他构造体系所穿插，前一种情况是主要的、明显的。此构造带的北段，在四川西南部集中有两带——雅安构造带和乐山构造带。雅安构造带的北段，走向北北东的大断裂相当明显地切截了北东向系和金川弧型构造的东翼，同时又被较新的走向北东的构造切割。雅安构造带的南段，雅安背斜以明显的角度关系斜穿了走向北西的歹字型构造带。乐山构造带主要由走向北北东的背斜和两条互相平行的断裂组成。它从成都东部起，向南直抵乐山以南，是四川盆地西南缘形迹异常显著的一个构造带。被构造错切的侏罗纪和白垩纪地层显现出强烈的挤压和破碎。构造带中段在四川昭觉和云南昭通之间，只出现少数走向北北东的断裂构造，它们错断切割这个地区的上古生界中生代侏罗纪—白垩纪地层。南段构造带，在东川以南的广大滇东地区和贵州境内，形迹颇为显著，几乎都是一些北北东走向的挤压性大断裂和断裂带。这个地区的古生界和部分中生界受到了它的严重影响和错断。它们在广大的滇东地区，与云南山字型构造和川滇南北向构造带形成了广泛的复合，特别是与山字型的东翼，在一个小范围或局部的地区内，往往不易分辨。若从这段构造带延展的总趋势来看，一般来说，它的走向比云南山字型的东翼构造轴线偏东的程度略小；在东翼反射弧和弧顶部分，它与山字型构造表现出明显的反接复合关系。上述情况表明，这3段北北东向构造带的断裂和褶皱，不但始终一致平行，同时还显著地表现了自北而南依次向西南方向错列，一起组合成一个非常突出的、规模较大的新北北东向系二级构造带中极其少见的雁行状多字型构造。

不难看出，在这个地区，二级构造带的发育情况与第二坳褶带内部有很大不同：一方面是隆起形态显得并不那么突出，另一方面是背斜和断裂与坳褶带西缘北北东方向的构造一起构成了多字型，即坳褶带中的二级构造与西缘是逐渐过渡的。

5.1.4　构造体系成生和发展时期

大量资料说明，无论从沉积方面或构造关系方面，还是从火成岩活动方面，都表明北北北东向构造体系在晚石炭世已开始产生，一直到中生代晚期（白垩纪）和新生代发展到了一个高峰，迄今，它的某些部分还在继续活动。从构造体系观点出发，北北东向构造体系的第一条和第二条坳褶带，很早就被认为是一些中生代以来逐渐发展起来的巨大坳陷带。这一认识，从20多年来，特别是近十多年的各项地质工作和地球物理工作所取得的大量地质成果中得到了证明。这两个坳陷带，不但普遍地控制着巨厚的古近纪—新近纪和白垩纪沉积地层，在某些坳褶幅度较大的地段还往往沉积有侏罗系。这两个坳陷带和其西面的第三坳陷带一样，在白垩纪以前就已经发生。围绕松辽平原的东部（第二隆起带北段西翼）和西部（第三隆起带北段）广大地区以及其南部的燕山地区侏罗系发育最全，分布也比较广泛。就是在这些地区的通化、阜新、北票、呼林河、蛟河和扎赉诺尔等地，均可清楚地看到在中上侏罗统存在强烈的构造不整合，控制中下侏罗统的构造走向为北东方向，控制上侏罗统的构造走向却是北北东方向。这些北东向的褶皱是与北东向构造体系有关。走向北北东的上侏罗统褶皱形迹无疑是反映北北东向构造体系一级隆起带和一级坳褶带上的低级构造成分，它们有力地表明，北北东向系一级巨型隆起带发生的最早地质时期不是侏罗纪初期，而应该是晚侏罗世早期。

在江西九岭山脉以南和景德镇一带，由中下侏罗统和石炭系—二叠系或三叠系一起组成的走向北东偏东或北东的构造分布比较明显。尽管在这些地区未发现上侏罗统以北北东走向直接不整合于这些构造上的事实，但它受其附近出现的、由下白垩统组成的北北东向构造（新干向斜构造）的穿切是明显的，这似乎也表明北北东向构造体系在该地区发生最早也不会早于晚侏罗世以前。

在福建地区的将乐—南平一线以北，由上侏罗统组成的北北东向向斜向南往往转成北东走向，北东向的这一段向斜是由中下三叠统和不整合其上部的中下侏罗统构成。这看来是该体系迁就了较早出现的北东向构造所致，同样也表明北北东向构造体系是发生于晚侏罗世。

第三坳褶带与前两个坳褶带不同，中生代地层发育很全，古近纪—新近纪沉积是很少的，情况也比较复杂。鄂尔多斯盆地的走向，由于白垩纪或渐新世以后东西方面挤压的强烈影响，不是北北东，而是近于南北方向。秦岭以南的四川盆地的走向，也不是北北东方向，而是正北东方向。然而，这两个盆地的中心连线的方向，既不是南北，也不是北东，而是北北东，和其东边的第三条隆起带的走向是极相一致的。因此，可以确切地认为这两个大型的中生代盆地是受到了北北东向褶皱带的控制，是新华夏褶皱带中的一个巨大的坳褶带。但是，它并不是从中生代初期就受该系的控制，也不比其他两个坳褶带发生早。很明显，鄂尔多斯盆地，就其所处的构造体系部位而言，不仅是北北东向系坳褶带的组成部分，同时也是祁吕贺兰山字型构造东部盾地所在。说明它在其发展的地质进程中，既受到了北北东向系的控制，也受到了山字型构造体系的控制。从山字型两翼多字型槽地普遍地控制有中下侏罗统来看，鄂尔多斯盆地内部的晚侏罗世以前的沉积反映了山字型构造的控制，而中侏罗世以后的沉积只能是受该体系槽地控制重叠复合于山字型控制的盾地沉积上。这种关系在北京西部的百花山地区表现也极为显著。在这里，由中下侏罗统组成的走向北东东的祁吕贺兰山字型东翼大向斜为北北东走向的上侏罗统所不整合，二者以反接关系明显地复合在一起。

位于四川盆地西缘的巨大龙门山构造带，是经历了反复多次剧烈变动的一个极其复杂的构造带。在白垩纪以后，巨大的东西向扭动产生的北东以至北东偏东方向的构造可能是反映最后的一次巨大变动。这次变动，对已成型的盆地轮廓可能起了比较大的改造作用，但同四川盆地的发生、发展关系极少或绝无关系，这是显而易见的。近几年来，在这个地区进行的地质工作发现，在构造带东缘的上三叠统或三叠系—侏罗系内部须家河组（可能属上三叠统）和白田坝组（可能属下侏罗统）之间有一次十分剧烈的构造变动，不整合面以下向盆地发生倒转的巨大背斜的走向为北东方向，不整合面以上的中下侏罗统表现出由东南向西北（即向垂直于褶皱轴走向的方向）平缓超覆。非常明显，这些受北东向构造控制的沿北东向展布的中下侏罗统，与这个地区出现的北北东向的雅安构造带和乐山构造带的方向是截然不同的。如果说前者也是受北北东向系控制，那是不能理解的。从中国东部构造体系分布特点来看，中下侏罗统反映或受到了北东向构造带的控制，而不是受该体系的控制。因此说，四川盆地作为北北东向系槽地只能是从中侏罗世以后重叠复合在一个从古生代以来就长期沉降的北东向巨型盆地上发展的。

前文已经提到，在北北东向系发生的过程中，岩浆岩活动极其剧烈，不但在巨大的花岗岩侵入，还有大量中性—中酸性火山岩的喷发。这些岩体和岩带，在第二条隆起带上和第三条隆起带的北段大兴安岭地区，都是循北北东走向分布。从目前已知资料来看，花岗岩从中侏罗世开始一直到早白垩世末期先后至少有 4 次强大的侵入；火山岩喷发主要是从晚侏罗世的后期开始一直到早白垩世先后总共有 5~6 次。上述这些岩浆活动无疑表明，这些巨大的北北东向系隆起带在中侏罗世的末期或晚侏罗世已发生。

但是，有人根据某些坳陷带盆地的沉积地层分布，主张该体系发生的时期似乎还应早些，可能是在早侏罗世，并且最初从西边开始。因此，关于北北东向系发生的开始期，有待进一步研究解决。

从 1965 年以来，在我国东部北北东向构造体系第二条坳褶带中先后发生过 5 次较大的地震，调查证明这些地震是由于新华夏断裂构造继续扭动而引起的。因此确信，巨大的北北东向构造体系的某些部分迄今仍在继续活动。如果能从该体系来总结一下我国东部近几年来地震发生的规律和特点，对今后解决东部地区的地震预报问题是非常重要的。

5.2　新西兰—汤加北北东向构造体系

该体系位于太平洋中的新西兰及以东地区，由一系列北北东向中新生代盆地组成，从西向东有西海岸盆地—东海岸盆地—坎特伯里盆地—索兰德盆地、新赫布里底斯盆地—汤加盆地等。

5.3　美国东部北北东向构造体系

该体系位于美国东部，以北北东向展布的阿布拉契山为主体，并控制了阿巴拉契盆地，展布为北北东向构造体系，盆内发育上古生界和中新生界，海域以新生界为主。

由圣劳伦斯盆地—斯斜舍陆盆地—东海岸盆地、阿巴拉契盆地及之间的造山带构成。南部被墨西哥湾盆地北断裂切割。

5.4 南美东海岸北北东向构造体系

该体系位于南美洲东部沿海及近海地区，发育一系列北北东向的中新生代盆地，特别以近海区的新生代沉积为主，并伴生一系列中新生代断裂带及岩浆岩。组成的盆地海域有坎普斯盆地。桑托斯盆地，皮洛塔斯盆地，陆地有巴拉那盆地等(图5-4)。

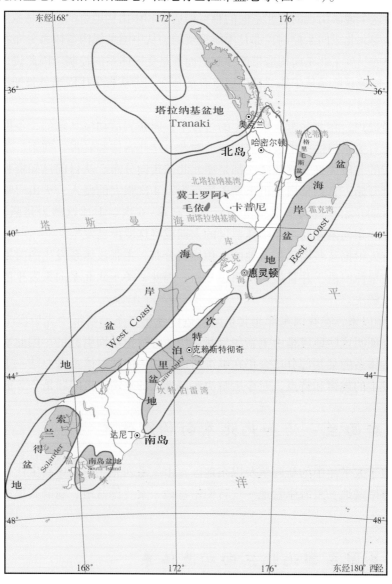

图5-4 新西兰北北东向构造体系略图

6 北西向构造体系

早在 1939 年，李四光先生就曾将中国西部北西—北西西构造系统称为"西域系"来代表中国北西方向的构造系统。

本书拟定的北西向构造体系所包括的北西、北西西向两组构造带分布范围有严格的区域性。

该体系由一系列彼此平行、大致等距的北西向的复杂构造带组成，在东准噶尔复杂构造带的东南端插入天山东西复杂构造带之中，与天山东西向构造带的博格达—哈尔里克褶皱构造带斜接复合。在中新生代以后，由于两者的联合作用同时被卷入巴里坤—伊造当中，数成分都经过后期改造而成为反 S 型构造的组成成分。

6.1 中国境内北西向构造体系

6.1.1 准噶尔地区北西向构造体系

该构造体系包括额尔齐斯构造带、恰吾卡尔构造带、乌伦古河—三塘湖沉降带、北塔山构造带、淖毛湖沉降带、克拉麦里—莫钦乌拉构造带。

1. 额尔齐斯构造带

在阿尔泰弧型构造带的西南，顺额尔齐斯河发育着一条沿北西方向延伸的强烈挤压构造带。它的主体限制在克孜加尔—玛因鄂博大断裂和额尔齐斯大断裂之间，宽 2050km，延伸数千千米。向西北进入哈萨克斯坦境内，向东南延入蒙古，向东和向西逐渐加宽，现今表现为北西西向的低缓谷底，大部分被新生代松散堆积物覆盖。布尔津—哈巴河之间有零星的古生代岩块、地块出露，锡伯渡以东则主要由晚古生代地层组成。该带出露最多的岩石是晚石炭世的中酸性火山岩及其碎屑岩。另外，局部出露二叠系的陆相粗碎屑岩，在哈拉通沟和青格里河下游有极少量的早中侏罗世的含煤沉积，古近纪—新近纪砂砾岩则大面积分布。上石炭统和二叠系—上石炭统与下侏罗统，下侏罗统与古近纪—新近系之间都为明显的角度不整合。

岩浆活动以晚古生代（即海西晚期）最强烈，以中酸性侵入岩为主。另外，基性、超基性岩体、岩株呈现带状分布，同时也见有印支—燕山期的酸—偏碱性的小岩体。岩体的分布与构造带的延伸方向大体一致。

额尔齐斯复式向斜，总体展布与构造方向基本一致，褶皱枢纽起伏弯曲多变，尤其是小褶皱轴向变化异常复杂，规模相差悬殊，多形成裙边式褶曲群。复式向斜两翼倾角北缓南徙，北翼倾角60°左右，南翼倾角70°以上。花岗斑岩沿褶曲轴部侵入，亦有顺几组破裂面呈网状、脉状侵入。

挤压带中断裂十分发育，以走向压扭性断裂为主，北东、北西向的追踪张裂面以及近于东西向的先压后扭性断层相当发育。

走向压扭性断裂主要是作为挤压带南北界的大断裂，即克孜加尔—玛因鄂博断裂和额尔齐斯断裂。它们走向北290°西左右，呈舒缓波状弯曲，断面倾向北北东，倾角70°左右。克孜加尔断裂位于阿尔泰山的南麓，断裂北侧为中泥盆统，南侧为上石炭统，两者走向相交30°左右。顺断裂为宽阔的负向凹地，泉水出露点呈线状分布，两侧岩层均遭破碎，破碎带宽10~100m，并有大量的石英和方解石团块充填，局部有构造角砾岩和断层泥出现。断层面上可看到垂直、水平和斜交的不同方向的擦痕，表明断裂有多次活动，性质亦发生多次转化，航片和卫片上都显示出清晰地线状构造。航磁异常图上有明显的直线状梯度带，两侧异常轴线相交，交角30°左右。克孜加尔断裂河东被北北西向的可可托海断裂错开，右行错距25km，错开后在可可托海断裂以东称为玛因鄂博断裂。额尔齐斯河断裂顺额尔齐斯河呈北西两向延伸。顺断裂带挤压破碎强烈，破碎带宽10~50m，带内发生硅化、绢云母化、绿帘石化，岩石呈褐色或灰白色条带。浅色花岗岩、花岗斑岩及石英脉顺断裂带广泛分布，多充填于断裂带内次级裂隙中，呈网状或雁行状。断裂切割了中、新生代地层，地形上形成构造陡坎。沿断裂，岩石变质程度加强，混合岩、角闪岩和片岩分布于断裂北侧。航磁异常图上，断裂北侧为北西向的正负相间的带状异常，南侧为近于东西向的带状异常，两侧异常轴交角15°~20°。沿断裂带，磁异常呈明显的线状延伸，AT曲线近于对称，北边较南边稍缓。经航磁定量计算，断裂面产状与实地观测一致，倾向于东，倾角75°左右。

额尔齐斯挤压带具有长期活动的历史，它至少从早古生代就已形成，对蒙古弧型构造和准噶尔弧型构造的发育都具有重要的控制意义，但它的成熟期则是晚古生代末期。它严格控制了晚石炭世地层的展布，并造成晚石炭世地层的强烈挤压变形和动力变质，挤压带为中酸性岩浆活动提供了通道和充填空间，特别是基性—超基性岩的侵入。该带至中新生代仍有强烈的活动。

2. 恰吾卡尔构造带

该带展布于额尔齐斯挤压构造带以南，乌伦古河谷地以北。主要由泥盆纪地层组成，局部出露奥陶纪和石炭纪地层。它的西段，在北北西向的可可托海断裂带以西，与准噶尔弧型构造的东翼重接复合，两者成分难以区分。在可可托海断裂带以东，逐渐与准噶尔弧型构造分开，在青格里河和布尔根河一带形成一系列北西西方向的复式褶皱和压扭性断裂。主要有青格里—布尔根背斜、接勒的卡拉它乌向斜、恰贝尔提背斜，三者之间以北西西向的卡拉先格尔—接勒的卡拉它乌断裂、克孜—卡拉尕依巴斯它乌断裂分隔开来。由北西西向的褶皱和压性断裂组成的北西西向构造带向东南延入蒙古境内，再向东南可能与汉水泉谷地区以北的苏海图山地区的北西西向构造相接，而同属于一个构造的范畴。

中泥盆统为一套凝灰砂岩、凝灰粉砂岩及中性凝灰岩夹生物灰岩，出露于复式背斜的核部。上泥盆统由一套凝灰角砾岩、千枚岩、凝灰砂岩组成，常构成复式向斜的核部。这些复式褶皱一般为对称褶曲，两翼倾角 50°~70°。自南北两侧接近额尔齐斯挤压构造带和乌伦古河凹地，挤压较强，构造比较复杂，局部有同斜褶曲。

晚古生代中酸性侵入岩体广泛发育，多数呈北西两方向延伸，与构造线方向一致，仅个别呈规则的圆形。

分隔这些复式背斜、复式向斜的一组北西向压扭性断裂都有较宽的挤压破碎带，最宽的可达 1km，岩带退色化和赭石化现象明显，并有明显的构造阶梯和构造谷。顺断裂有较多的酸性岩脉侵入，而岩体又被后期的构造活动所破坏。这些破碎带为中温热液铜矿物质运移和富集的有利地带。

3. 乌伦古河—三塘湖沉降带

从乌伦古河谷地向东南至三塘湖盆地构成一条北西方向展布的中新生代的沉降带，该带的南段三塘湖地区发育完好，北段由于准噶尔弧型构造东翼的阿尔曼太山弧型褶带的干扰，使沉降带面貌比较模糊，南段三塘湖地区最宽约 50km，三塘湖盆地长达 200km，北段乌伦占河谷宽仅数千米，长近 100km。

该沉降构造带是在古生代地层组成的大型复向斜的基础上，于二叠纪以后逐步形成。该带出露地层有泥盆系、石炭系、二叠系、侏罗系、白垩系、古近系、新近系及第四系。泥盆系为多旋回的火山喷发—沉积建造。以中基性火山喷溢为主，由早泥盆世的海相逐渐过渡至中泥盆世的海陆交互相，晚泥盆世晚期则以陆相为主。早石炭世早期的黑头组海相碎屑岩整合覆盖于晚泥盆世地层之上。重要的不整合发生在杜内期和维宪期之间，早石炭世和中晚石炭世之间以及石炭纪与二叠纪之间。

泥盆纪末期的构造运动使北西向系的一些隆起构造带遭到强烈褶皱而基本定型。

该沉降带内，以侏罗系—新近系为主的中、新生代地层形成一系列短轴状、箱状褶皱，局部地区为穹隆，地层倾角一般不超过 15°。

4. 北塔山构造带

该断裂构造带西起准噶尔盆地东北缘的塔克尔巴斯套，向东经北塔山，通过三塘湖和淖湖两个盆地之间，插向天山东西复杂构造带，总体走向 300°~310°。该带的北段，与准噶尔弧型构造的阿尔曼太褶皱带复合，两者有 10°~20°的夹角，部分构造形迹彼此重接，难以严格区分。

该带主要由志留纪、泥盆纪和石炭纪地层组成。志留系出露很小，只局限于库普复背斜的核部，为一套浅变质的海相碎屑岩，夹有少量基性喷出岩。泥盆系是该带分布最广的地层，构成该带的主体，下泥盆统与志留系为整合接触，但泥盆系下统的上部可超覆于早古生代的花岗岩体之上。早、晚古生代之间的构造运动在这里似乎推迟了。该带泥盆系的上、中、下三统发育齐全，但表现出两种不同的岩相建造，一种以北塔山地区为代表，多为浅海相火山碎屑岩、火山碎屑岩沉积，局部具火山熔岩；另一种以塔克尔巴斯套以北得仁格依里登地区为代表，以正常碎屑岩为主，上、中、下泥盆统依次由海棚相—海陆交互相—陆相逐步变化。两种岩相区以北西向的大断裂为界，反映了北西向系在泥盆纪已强烈活动，严格控制了该带火山岩和正常沉积带的分布。到石炭纪这种明显的分异已不存在，均为多个喷发旋回组成的以中基性为主的火山岩火山碎屑岩。早石炭世以后，基本结束了海侵的历史，北西走向的复式背斜的轮廓已基本形成。

总体来看，北塔山断褶构造带是由一系列复背斜组成，延伸400km。由西向东包括得仁格依里登复背斜、哈萨坟复背斜、库普—北塔山复背斜，褶皱轴向均为290°～310°。复背斜的核部由志留纪、早泥盆世地层组成，两翼由中晚泥盆世和石炭纪地层组成。褶皱为紧闭型，以对称型为主，局部为倒转褶皱，两翼倾角70°以上。各复背斜之间略有雁行排列之势，复背斜核部有大片的中酸性岩分布。

北塔山断褶构造带内断裂构造发育，以与构造带展布方向一致的大型北西向压扭性断裂为主。这些主干断裂面一般向北东方向倾斜，与其伴生的两组扭裂面，一组走向北320°～330°西，另一组走向北50°东左右。一般规模都不大，常在背斜的两翼密集分布，互相切割。该带最主要的控制性大断裂有克罗温—上湖断裂、库普—北塔山南麓断裂、塔克尔巴斯套断裂等。

克罗温—上湖断裂：西北端起自得仁格依里登复背斜的北侧，向南东经北塔山地区至三塘湖，被第四纪松散零积物覆盖，断裂带总体走向和倾向上都具舒缓波状弯曲，常由数条密集平行的断裂组成挤压带。挤压断裂带最宽可达4km，一般为2～3km。带内岩石强烈片理化、千枚岩化，局部形成糜棱岩带。主要劈理面及片理面与挤压带方向平行。带内有大量的石英脉和方解石脉，局部见有大量的中酸性岩枝、岩脉。沿断裂表象为线条分布的负地形。航照及卫片上影像清晰。断层总体向北东倾斜。倾角80°以上，局部向南西倾斜。总长度达400km。

库普—北塔山南麓断裂：断裂走向北290°～305°西，舒缓波状弯曲，断裂面向北东倾，倾角60°，断裂破碎带宽500m以上，破碎带中挤压片理、劈理以及构造透镜体的长轴方向与断裂带平行。断裂带在航照和卫片上有清楚显示，整个断裂带断续出露，中段和南段都被第四纪沉积物覆盖。

塔克尔巴斯套断裂：位于准噶尔盆地东北部，为塔克尔凹陷的北缘，为塔克尔巴斯套的山前断裂，断层走向300°，断裂面向北东倾斜，倾角60°以上，挤压破碎带宽度100～350m，由少量平行断裂方向的石英脉、方解石脉、闪长玢岩脉充填。岩石见有褐色和赭石化，沿断裂带有泉水出露。

北东和北西向的两组共轭扭性断裂的轴向随整个断褶构造带呈波状弯曲，在不同的地段，方向稍有变化，前者为北东—北东东向，后者为北西—北北西向。它们一般规模都不大，常为30～50km，北东—北东东向断裂为扭性兼压性，北西—北北西向断裂为扭性兼张性，它们都斜切构造线走向，常具有较显著地水平位移。前者为左行扭动，后者为右行扭动，断距有时可达5～10km。这两组共轭扭性断裂发育最好的是北塔山复背斜的两翼。

5. 淖毛湖沉降带

该带是夹于北塔山断褶构造带和莫钦乌拉—克拉麦里断褶构造带之间的一个不连续的负向构造带。本带由西北向东南成生发展时代逐渐变新，即由三叠纪—侏罗纪—新生代相继成盆的发展序列构成。南段以淖毛湖盆地为主体，向北西方向经过北塔山盐池一带，直到准噶尔盆地东北部的塔克尔凹地。两部的塔克尔凹地像一个向西北张开的大口袋，位置在克拉麦里山和塔克尔巴斯套山之间。准噶尔盆地中间，通过物探资料也发现了这一北西向沉降带的存在。这一凹陷至少在三叠纪以前就已开始沉降。向东南，在北塔山盐池盆地中，侏罗纪形成良好的成煤盆地。再向南东至淖毛湖一带，主要是古近纪以后才形成的北西向盆地。盆地中覆盖不深，古近纪、新近纪和第四纪的砂砾岩直接不整合于石炭纪地层之上，侏罗系、白垩系只分布在淖毛湖盆地的北缘和凹陷内。在塔克尔凹地和淖毛湖盆地中，古近纪—新近纪地层都发生了微弱的褶皱，形成一系列北西方向的短轴背斜、向西北倾斜的鼻状构造以及穹隆构造。在背斜或穹隆构造的轴部，地层倾角达 20°~30°，向翼部则逐渐变缓，甚至趋于水平。

6. 克拉麦里—莫钦乌拉构造带

该构造带以北西方向的莫钦乌拉山为主体，向北西方向延至克拉麦山一带，进入准噶尔盆地当中。根据物探资料所作的盆地内部基底深度图，可清楚地见到这一北西西向的隆起构造带斜贯准噶尔盆地中部，直到西准噶尔界山地边缘，与准噶尔弧型构造的西翼反接复合。该构造带东南段插入天山东西复杂构造带之中，与阿吾拉勒—博格达—哈尔里克褶皱构造带斜接复合，并在中新生代后被卷进巴里坤—伊吾反 S 型构造之中，多数成分都经后期改造而成为反 S 型构造的组成部分。

该构造带主要由奥陶系、志留系、泥盆系和石炭系组成。奥陶系、志留系为一套浅变质的碳酸盐岩、中酸性火山岩及火山碎屑岩。泥盆纪时沉积岩相和古地理环境因北西西方向深断裂分隔，发生了显著的分化，北西西向的克拉麦里深断裂以北，地壳沉降十分剧烈，伴随有大规模的海底裂隙式喷发，岩性变化急剧，沿走向常由火山岩相变为火山碎屑岩及火山沉积碎屑岩，而克拉麦里深断裂以南则为相对稳定环境的正常沉积岩，仅局部有少量火山活动。沉积速度较慢，厚度不大，岩相也比较稳定。这种由北西西向的深断裂的分隔而发生强烈活动与相对稳定带分异的产生，显然与两域系的强烈活动有关，早石炭世以后，这种分异作用已不明显，皆为一套火山碎屑岩与正常沉积的碎屑岩，局部地区有较强的中酸性火山活动。早石炭世晚期以后，多数地区都已隆起，除南段的局部地区仍接受沉积外，其他地区则长期遭受剥蚀，并已具备北西西向断褶构造带的基本形态。

该断褶构造带的西北段为克拉麦里褶皱束，东南段位莫钦乌拉复背斜带。克拉麦里褶皱束包括一系列北西西向的背斜和向斜，这些褶皱一般长 20~40km，宽 4~5km，由泥盆、石炭纪地层组成；次级小褶曲十分复杂，两翼倾角 60°~80°。局部受断裂影响，轴面向南倒转，形成向北倾斜的同斜褶曲，莫钦乌拉复背斜的核部由奥陶纪地层组成，两翼由泥盆纪和石炭纪地层组成。一系列北西向的大断裂将本构造带切割成许多叠瓦状断块，每一断块则以单斜(向斜)带状出现，但总的来看，仍保留了背斜的外貌，只是南翼被切割更不完整。所有的岩层都具有紧闭线型褶曲的特点，岩层走向主要为北西—南东方向，倾角一般都达 40°~60°，次级褶曲十分复杂，常形成同斜和倒转的褶曲，它们一般向北东倒转，向南西倾斜。

该带大型压性或压扭性断裂有克拉麦里断裂、莫钦乌拉断裂等，这些断裂皆为北西西—南东东走向，延长达上百千米。其中石英滩—克拉麦里山北缘断裂向东南可与巴里坤盆地东北缘断裂相接，向西北延伸穿过准噶尔盆地的中央直至西准噶尔界山的东南缘，总长可达 600km。其性质大多数为高度逆断层，倾角多在 60°以上，局部由逆掩断层性质。

由于断层面产状较陡，因而断层面倾向沿走向多不稳定，时而北东，时而南西，该组断裂都有较宽的断裂破碎带。航片、卫片及物探异常图上都有明显的现象。该组北西向断裂都具有较长的活动历史，较大的切割地壳深部，多数都有基性、超基性岩分布，并控制了古生代的火山喷发和大量的中酸性岩浆的侵入，而且对克拉麦里一带的含金石英脉的形成也有控制作用。

该构造带内，与北西西向压性结构面配套的两组扭裂面，即西北—北北西向断层组和北东—北东东向断层组，一般规模都较小，长 5～20km。斜切地层走向，断层面直立。前者具左行扭动，后者具右行扭动，断距一般为 100～200m。

在北端克拉麦里地区，由于与六棵树—老爷庙区域东西向构造带斜接复合，因而东西向的褶皱和断裂也较发育，但规模都较小。东西向断裂带表现出更新的活动性，往往切割其他方向的几组断裂。

6.1.2 博罗霍洛北西向构造体系

该构造体系是斜接于天山东西复杂构造之上的一个规模巨大的北西向复杂构造体系，是以博罗霍洛—卡瓦布拉克断褶构造带为主体，与其北侧的艾丁湖沉降构造带、南侧的伊犁—焉耆沉降构造带及发育不全的萨阿尔明—科克铁克断褶构造带共同组成。东西长达1100km。它们以自己独特的、有规律的构造形迹组合，稳定的构造线方向，宏大的规模以及特有的构造发育历史而区别于东西向构造体系，并使天山地区的地质构造更加复杂。李四光教授曾多次指出：天山东西向构造带由于受到其他构造因素的干扰而往北挪动了。因此，北西向系与天山地区东西向构造体系的复合，是造成天山西段北挪的主要因素。

博罗霍洛复杂构造带由北向南可以分为 5 个二级构造带。

1. 艾比湖—艾丁湖沉降带

该带展布于天山北麓，博罗霍洛—卡瓦布拉克断褶构造带北侧。它在准噶尔盆地的南缘及吐鲁番盆地的西端与东西向构造体系的两个沉降构造带（即乌苏—奇台沉降构造带和伊犁—哈密沉降构造带）斜接复合。两大构造体系的负向复合部位坳陷最深，恰好是两个大的湖泊洼地所在的部位。该沉降带的北部与东西向构造带的乌苏—奇台沉降构造带的复合部位形成了艾比湖，与伊犁—哈密沉降带的复合部位形成我国最低的内陆湖泊艾丁湖（高程为154m）。

该沉降构造带总体作北西西方向延伸，但带内的盆地和坳陷中心都作东西向延伸，由西北向东南分别为艾比湖凹陷、玛纳斯凹陷、柴窝堡湖凹陷及艾丁湖凹陷，它们彼此以150～200km 为间隔，由西北向东南斜列，形成多字型沉降带。

该沉降构造带是二叠纪以来逐步发育起来的。地层以二叠系、中生界—新生界为主。下二叠统为一套滨海相及海陆交互的灰绿色碎屑岩建造，以显著的角度不整合覆盖于石炭系之上。上二叠统—下三叠统为紫红、灰绿色砾岩、砂岩、泥岩为主的红色碎屑岩建造。中上三叠统为灰绿色为主的泥岩、砂岩夹煤线。侏罗系中，下统为灰绿色砂岩、泥岩、砾岩及煤层，为主要含煤建造；上统为红色泥岩、砂岩、砾岩。白垩系下统以湖相杂色条带泥质岩为主，上统则属河流相的碎屑岩。古近系—新近系为红色碎屑岩建造。

2. 博罗霍洛—卡瓦布拉克断褶构造带

该带西起伊犁盆地北缘的博罗霍洛山、科古琴山，往东经依连哈比尔尕山直至卡瓦布拉克塔格一带。再向东，由于强大的原始东西向构造带（即拉台克—库鲁克塔格—阿拉塔格断褶构造带）的限制而大大减弱。同时被阿尔金系的北东东向构造带切断，在北山地区只是零星的片段包容于阿尔金系的北东向构造带之中，隔河西走廊与甘肃省境内的祁连山地区北西向构造遥相对应。

该带在新疆境内延伸 1300km，它的主体由博罗霍洛复背斜、依连哈比尔尕复背斜、卡瓦布拉克复背斜、克孜勒塔格复向斜等组成。

1）博罗霍洛复背斜

该复背斜西起赛里木湖畔，东至胜利达坂以东，呈北西向狭长条带展布。复背斜核部主要由震旦亚界和古元古界组成，以志留纪地层出露最广，该地层普遍不同程度的变质，以中—浅变质的海相碳酸盐岩和碎屑岩建造为主，组成北西西或近东西向的紧闭线性褶皱。褶皱多数不对称，有时倒转，一般向南西方向倒转。褶皱两翼倾角一般 40°～80°。无论是复背斜核部或者翼部低级小褶曲都十分复杂。复背斜两翼由泥盆系—石炭系的浅变质的火山碎屑岩、火山熔岩及碳酸盐岩组成。复背斜的轴部和两翼都为一系列北西西向的大型压扭性断裂顺走向切割，使复背斜构造显得不够连续和完整。

复背斜西北端科古琴山一带，核部由前寒武系和下古生界组成一系列近东西向的背、向斜，一些近东西向的压性断裂，由北西向南东呈左列式多字型斜列（图 6-1）。

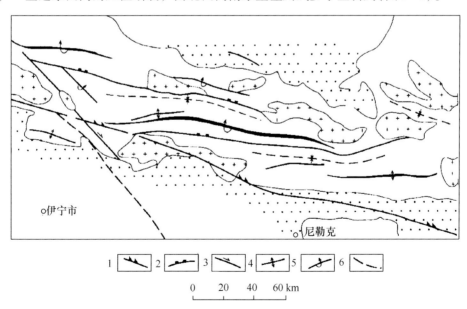

图 6-1　科古琴一带北西向斜列的多字型构造

1—压扭性大断裂；2—压性断裂；3—扭性断裂；4—背斜；5—复式倒转背斜；6—卫片解释断裂

每一个次级褶皱长达 50～80km，褶皱轴面常常向南倒转，褶皱轴面和压性断裂面均以 50°～70°的倾角向北倾斜，背斜轴之间具有 20km 左右的间隔，这一多字型构造清楚地反映了北西西向构造带具有右旋扭动特征。同时科古琴山复背斜核部由前寒武纪地层组成的东西向褶皱可能反映了早期东西向构造的特点，是北西西复向斜叠加于东西向构造之上的一个典型事例。复背斜的两翼泥盆纪—石炭纪地层明显的呈北西西走向不整合覆盖于其上，两者有着较大的交角。

博罗霍洛复背斜的东南段，背斜轴部出露更窄，多字型排列形式不显著，以北西西方向的紧闭线性褶皱为主，反映出更强烈的北东—南西方向的挤压，右旋扭性质相对较弱。

2）依连哈比尔尕复背斜

该复背斜以中泥盆统为核部，石炭纪地层组成两翼，构成一个完整的复背斜构造；但由于一系列与褶皱轴向一致的压扭大断裂的切割，构造形态已遭破坏，总体看来，它应属博罗霍洛复背斜北翼的大型次褶皱。

依连哈比尔尕复背斜：核部中泥盆统以一套厚度近万米的千枚岩化的灰绿—灰色细火山碎屑建造为主，夹少量碎屑岩和碳酸盐岩沉积。复背斜南翼基本为断裂破坏，只以狭长的断块形式保留下石炭统的灰黑色碎屑岩、灰岩及凝灰岩。复背斜的北翼保存完整，以中石炭统为主。为一套灰黑色火山碎屑岩，下二叠统是一套紫红色—灰绿色的中基性、中酸性火山岩。复背斜内部次级褶皱复杂，挤压十分强烈，地层倾角普遍为60°～85°，大型压扭断裂往往与地层走向一致地顺北西西方向延伸，使复背斜北翼形成由南向北推覆的叠瓦式断裂系。依连哈比尔尕复背斜带内，侵入岩不发育，基本没有较大的侵入岩体出露，只在大型压扭性断裂带附近有脉状、长条状或串状超基性岩体分布，并形成较好的玉石矿带。

3）卡瓦布拉克复背斜

该复背斜主要由震旦亚界的岩系组成，上部为一套碳酸盐岩，称卡瓦布拉克群；下部为一套片麻岩、结晶片岩，称星星峡群。复背斜的北翼被卡瓦布拉克大断裂切割破坏，南翼主要由厚度很大的泥盆系组成，其下部为碎屑岩建造，上部为碳酸盐岩建造。复背斜总体走向为北西西向，在它的东南段加尔布拉克一带，出于阿尔金系的帕尔岗大断裂将该复背斜拦腰截断，发生较大幅度的左行扭动，使复背斜的西部相对南移，东部相对北推，复背斜的次级褶皱表现为比较完整的北西西走向的紧闭型褶皱，褶皱轴多数向西倾伏（倾伏角30°～40°）。轴面向南倾斜，其北翼地层产：状较陡，一般70°～80°，并且常常出现向南倾斜的倒转产状，南翼地层产状较缓，一般在40°～60°。

4）克孜勒塔格复向斜

该复向斜位于卡瓦布拉克复背斜西南，焉耆盆地东北，包括向东南延续部分的梧桐沟—卧龙岗复向斜。

克孜勒塔格复向斜总体走向为北西向，东南端的卧龙岗一带；由于虾形山地带状构造的干扰局部转为南北向。复向斜的核部下石炭统，及中上泥盆统的一套以碳酸盐岩建造为主，部分为碎屑岩组成。两翼由下泥盆统和志留系的浅变质的千枚岩、片岩组成。早石炭世地层常以角度不整合覆盖在泥盆系之上，存在于向斜的核部，它们除受到北西西向构造的控制外，同时受到东西向构造体系的控制。复向斜内部的次级褶皱比较复杂，单个背斜、向斜尚有偏向东西方向的趋势，但总体由北西向南东构成一个北西西向的多字型斜列形式，反映了北西西构造带的右行压扭性质。

从岩相古地理的分析可知，该复向斜是在早古生代末期以后形成的沉积槽地的基础上发育起来的。志留纪末卡瓦布拉克复背斜带已经受挤压隆起，泥盆纪时在隆起的南侧形成北西西向的海槽。早泥盆世以陆源碎屑沉积岩为主，中泥盆世沉积了浅海碳酸盐岩建造，晚泥盆世在克孜勒塔格一带发生强烈的火山活动，沉积了一套中酸性火山岩和火山碎屑岩。但东南哈孜尔布拉克一带仍然为陆源碎屑岩和浅海碳酸盐岩建造。泥盆系沉积厚度5000m以上。这样一个长期处于稳定的沉降状态的半封闭狭长海槽，为沉积型铁矿的形成创造了良好的古地理环境，成为受北西向系控制的一个重要成矿带。

博罗霍洛—卡瓦布拉克断褶构造带除包括上述一系列复背斜、复向斜之外，还发育着一系列大型北西向平行延伸的压扭性大断裂，其中最重要的有乌拉斯台大断裂（即天山北缘大断裂或乌鲁木齐凹陷南缘大断裂）、亚玛特大断裂、科克巴斯套断裂、兰特达坂断裂、胜利达坂断裂（即依连哈比尔尕大断裂）、松树达坂大断裂（即博罗霍洛大断裂）、科克琴大断裂、马鞍桥大断裂、卡瓦布拉克大断裂、乌勇布克断裂等。这些断裂长度都在数千米以上，其中大断裂规模近上百千米。它们的断裂面多数向复背斜带的核部倾斜，层层向外推掩，构成叠瓦式构造，尤以博罗霍洛复背斜的北翼更加明显。这些大型压性断裂与褶皱走向近于平行，都有较宽的断裂破碎带，形成较宽的动力变质带。破碎带和动力变质带中的片理、劈理、挤压透镜体、小型伴生褶曲等，与主干断裂近于平行，或者有不大于15°的交角，清楚地说明主干断裂有强烈的挤压或压扭性质。同时断裂带两侧形成了一系列牵引弧型构造、旋转构造、入字型构造以及断裂之间褶曲斜列形成的多字型构造等，都一致地反映了这些北西西向大断裂具有强烈的右行扭动性质。

这些北西向大断裂一般都具有长期活动的历史，控制志留纪、泥盆纪的沉积物分布，切割了古生代和古生代以前的地层，部分切割了古近纪—新近纪及第四纪的地层。控制了各种类型的不同时代的侵入岩体，超基性岩一般都顺断裂带分布。根据北西西向断裂带内中、新生代沉积盆地的形态、近期地震活动和温泉的分布，可以看出这些断裂最新活动仍很强烈。

博罗霍洛—卡瓦布拉克构造带多期多种类型的侵入岩体广泛发育，主要分布在博罗霍洛复背斜和卡瓦布拉克复背斜的核部。岩体延伸方向与区域构造线的方向一致，呈北西西—南东东向。元古宙和早古生代的侵入岩主要为花岗岩类（γ_2 和 γ_3），它们普遍遭到不同程度的变质作用，主要岩石有片麻状花岗岩、糜棱岩、花岗岩、斜长片麻岩、混合岩等，分布范围小，岩体规模也不大。广泛而大片出露的是晚古生代的多种侵入岩，从库米什到卡瓦布拉克一带所采为数不多的花岗岩同位素样品看，主要集中在这样3个时期：410~439Ma、333~350Ma、225~248Ma，分别相当于志留纪、泥盆纪末至石炭纪、二叠纪末。岩石成分从超基性到酸性都有。超基性、基性及中性侵入岩体一般规模较小，常呈岩株、岩枝和岩盖状产出，顺断裂带呈串珠状分布。中酸性侵入岩体则主要以大规模的岩基出现，它们显著的特点是岩体的形状、延伸方向和岩体的排列都严格地受到北西向构造体系和东西向构造体系的复合控制。在胜利达坂断裂和松树达坂断裂之间的挤压破碎带给岩浆岩的侵入提供了导浆通道和活动空间，形成了宽30~50km，延伸近1000km的构造岩浆岩带，这一构造岩浆岩带也是天山地区重要的控矿构造带，尤其是它与东西向构造体系及阿尔金构造体系三者交接复合的部分，构成了天山地区最有利的成矿部分。

3. 祁连山构造带

该带分布于祁连山及其南、北缘。该构造带形成于志留纪末期的构造运动中，泥盆系角度不整合于志留系之上，该运动造成一系列走向北320°～330°西方向的褶皱、逆冲断裂，与它们之间夹持的岩块、坳褶带共同组成北西向构造体系。自北而南划分为：龙首山断褶带、走廊复向斜带、走廊南山—冷龙岭断褶带、托来南山—大通山断褶带、乌兰达坂山—拉脊山复向斜带等。

本区北西向系构造形态特征与祁吕山字形系差别较大。它褶皱强烈，多呈紧密线状，延伸远，规模大，与褶皱平行伴生的压性、压扭性断裂成群出现。这一构造体系的早古生代的沉积物，以较厚碎屑岩、碳酸盐岩为主夹大量中基性火山岩为特点，总厚度达20000m，其中火山岩年龄436～445Ma（夏林圻等，2001）。

寒武系—志留系内有酸性岩体侵入，锆石U-Pb年龄为450Ma左右（苏建平等，2004），其方向与上述断裂、褶皱一致。它还控制本区几个早古生代基性、超基性岩带，并分布于该体系褶皱之轴部附近，其中北祁连山西段石居里辉长岩的锆石年龄为457.9Ma（宋忠宝等，2007），而白银矿田基性火山岩同位素年龄为465Ma（李向民等，2009）。

4. 伊宁—焉耆沉降构造带

博罗霍洛—卡瓦布拉克断褶构造带的南侧为伊宁—焉耆沉降构造带。该带由西向东有伊宁盆地，大、小尤尔都斯盆地，焉耆盆地等一系列规模不大的中新生代盆地。该带总体呈北西西方向展布，但单个盆地又都有近东西向展布的趋势。盆地的边缘受到东西向、北西向和北东向断裂控制，常呈菱形和三角形盆地，由西北向东南依次斜列，构成多字型。这些盆地是在古生代的褶皱基底上发育起来的，盆地内部主要由侏罗纪、古近纪—新近纪、第四纪的沉积物组成。

二叠纪末强烈的地壳运动使该区褶皱隆起遭受剥蚀，三叠纪该带基本上没有接受沉积，晚侏罗世在天山地区基本夷平的基础上开始沉降，接受了一套河、湖、沼泽相的含煤建造沉积，由于气候湿润温暖，这些沉积盆地都具备良好的成煤条件。白垩纪时，随天山整体又一次抬升，该带内和盆地普遍缺失白垩纪沉积。古近—新近纪基本上继承了侏罗纪的盆地，但沉积范围进一步扩大，形成一个大体连通的沉降构造带，以红、褐色砂岩、泥岩及砾岩层为主，新近纪末至第四纪初期，喜马拉雅运动使天山整体大规模抬升，将大、小尤尔都斯盆地都抬升到3000m。古近纪—新近纪连通的盆地，由于第四纪的侵蚀切割而分裂成一系列较小的盆地，这些第四纪的小型盆地也清楚地显示多字型排列，以焉耆盆地东段表现得最为典型。

第四纪以来，这个统一的古近纪—新近纪盆地解体，分隔成博斯腾湖凹陷、乌宗布拉凹陷以及在两者之间的克孜勒凹陷带。克孜勒凹陷带是在两个凹陷之间的北西西向的相对隆起带。内部由一系列近东西向排列的更次一级的凹陷和隆起组成。这些次级盆地单个长为80～150km，宽10～15km，两个盆地的间隔与盆地的宽度相当。这些盆地与隆起，由西北向东南一个一个地斜列，至少有6个比较完整的盆地构成形态完美的多字型构造，显示了北西向系的沉降构造带在挽近期复活，发生了显著的右旋扭动。这些隆起和凹陷的边缘常常由压性断裂控制。克孜勒塔格的南缘见到石炭纪地层推覆到古近纪—新近纪地层之上，说明这一多字型构造的形成，或者说统一的古近纪—新近纪沉降盆地的解体是在古近纪—新近纪以后。

5. 萨阿尔明—科克铁克断褶构造带

该带展布与博斯腾湖凹陷西南面，塔里木盆地以北，南天山的中段。主要由北边的萨阿尔明复背斜、中间的琥拉山挤压带、南边的科克铁克复向斜三部分组成。其北与伊宁—焉耆沉降带没有明确界线。伊宁—焉耆沉降构造带是中、新生代以后发育起来的，叠加在古生代构造带之上，与萨阿尔明一科克铁克断褶构造带的北部是上、下两个成因上有联系而生成时期不同的构造层。

1）萨阿尔明复背斜

该复背斜轴向北西，主要由中泥盆统的一套厚达 5000～8000m 的碳酸盐岩和海相碎屑岩组成。枢纽呈波状向东倾伏，翼部发育一系列次一级的背斜、向斜及层间褶曲。这些次级褶皱轴面多数向北倾，呈陡斜—倒转的紧闭褶皱形态。复背斜内较大的断裂亦为北西西向，多属高角度逆冲断裂性质。侵入岩不发育，只在博斯腾湖凹陷的西北面出露大型花岗岩基（γ_4^1），长轴与主要构造线方向一致。

2）琥拉山挤压带

该带夹于北西向的琥拉山断裂和开都河断裂之间，总长 200km，宽 8～10km，中间狭窄，两头较宽。该挤压带东段和西段有明显的差异，东段主要由震旦亚界长城系一套片岩、片麻岩等古老变质岩系组成北西西向的挤压变质带。挤压变质带内多种侵入岩体发育，带内无论是紧闭褶皱轴、片理、片麻理，还是长条状侵入岩体和主干压性断裂都一致地呈北西西向。琥拉山挤压带的西段主要由上石炭统的一套巨厚的泥质粉砂岩组成，同时出露少量的由巨厚的陆相砾岩组的二叠纪地层。晚石炭世的巨厚沉积，可能是在强烈挤压的早期构造应力松弛以后，在挤压带两侧的断裂发生凹陷而形成的。但晚石炭世地层也受到强烈的挤压作用，褶皱形态十分复杂，小型褶曲非常发育。常见到倒转、尖棱、平卧等多种形态的褶曲，总体上构成一个大型不对称式背斜构造，背斜轴面向南倾斜。

3）科克铁克复向斜

该复向斜主要由中上石炭统的凝灰砂岩、凝灰岩组成。向斜中段为北西向，两端转为东西向，总体略具反 S 型。褶皱复杂，多为紧闭线状褶曲，两翼基本对称，形状较陡，倾角普遍都在 70°以上。南翼部分地区呈现不同程度向南倒转的趋势，由该向斜的次级褶曲发育，并随之而生高角度的逆断层。侵入岩活动不强烈，但超基性—酸性各侵入体均有出露。一般呈岩株、岩枝状，严格受构造控制，分布于断裂或裂隙发育地段。内生金属矿产的分布也受到这些断裂岩浆的控制。

6.1.3 阿瓦提—满加尔—柴达木沉降带

该沉降带位于塔里木盆地东北部，向南东过阿尔金构造带与柴达木盆地组成一个沉降带。它形成于早古生代，从晚古生代到新生代持续在沉降，是西北地区的重要沉降带，是重要的含油气区。

6.1.4 巴楚—祁漫塔格—苏皮林构造体系

该构造体系位于塔里木盆地中部巴楚，向南东过阿尔金山到祁漫塔格组成一个隆起带。

1. 巴楚隆起—卡塔克隆起

位于塔里木盆地中、北部，它发生在奥陶纪，晚古生代强烈抬升隆起，中生代继续隆起，其上缺失中生界沉积，古近系—新近系直接覆盖在石炭系—二叠系隆起两边，均为逆冲断裂所控制，主体方向为北西向。

2. 祁漫塔格褶皱构造带

位于阿尔金以南，布尔汉达山以北，库木库里盆地和柴达木盆地之间。总体构造方向北西 300°，南北宽约 70km，东西延伸 450km。总体形态显示反 S 形。它的东南部分布在青海省境内。

这个褶皱构造带，以晚古生代较厚的海相碎屑岩、碳酸盐岩组成的褶皱构造为主体。归并了前震旦系、下古生界绿色千枚岩、片岩夹大理岩、火山岩的构造形体。总体构成复式背斜，其上又有少量古近纪—新近纪小型沉积盆地叠加。

古生代及其以前地层组成的褶皱构造多为线状褶曲，在某些地区呈雁行状排列，与之相辅而行的北西西向断裂构造较发育，断层面多倾向南西，属压性或压扭性质。沿断裂两侧常有晚古生代的酸性、基性、超基性岩侵入，并有中生代时期的花岗岩岩株零星分布。卫星像片显示，某些规模较大的断裂一侧，有影像较清晰的派生旋扭构造分布，说明断裂曾发生过扭性活动。断裂构造长期继承性的活动，不仅在某种程度上改变了中生代以前地层展布的特点，同时也见有古生代地层推覆到古近纪—新近纪红层之上的地质现象发生，除此之外，与北西向断裂伴生的北东向和北西西向断裂也很发育。它们交叉成生，前者扭性活动表现不甚明显，后者有显著右行扭动的特征。断距明显者达 2～3km。这两组扭性断裂构造对现代地形的边界以及湖泊的形态有严格的控制作用。另外，近代地震资料表明，它是一个较活动的构造带。

3. 苏皮林断褶构造带

包括喀拉米兰洼地和库木库里盆地之间的克孜能依切山和皮林山等北西西走向的山脉及一些沉降槽地。

主要分布着石炭纪的碎屑岩、碳酸盐岩，北部还有泥盆纪碎屑岩，南部还有二叠纪碳酸盐岩分布。中新生代陆相碎屑岩局限地分布在沉降槽地中，它们所形成的构造形迹，总体呈平缓的反 S 形展布，并以一个巨大的复式向斜构造形式出现。由于苏皮林断褶构造带中部与昆仑复杂构造带库木库里褶皱带的斜接复合，将其明显地分为南北两部分。这种分割作用不仅对南部和北部的构造形态有深远的影响，而且对构造带在成生发展过程中的强烈活动在某种程度上也有一定的影响。带中的复式向斜构造由许多向斜和背斜组成，它们的轴向展布方位随着它们所处的构造部位不同而与总体展布方向协调一致的偏转。但不同成生时期、不同部位，褶皱构造还有较大的差异性。在构造带的北部，以中上石炭统为核部。泥盆系和下石炭统为两翼组成复式向斜构造，两翼岩层倾角一般较陡，它的次级褶皱多为线状褶曲，其轴向与总体走向一致，但部分次级褶皱的轴面有倒转现象发生。此外，亦见有少数褶皱呈短轴状出现。因此，总体形态表现得相当复杂。南部地区，以三叠系为核部，石炭系为西翼，总体构成形态简单的大向斜构造。中生界组成短轴、不对称的缓倾斜的褶皱，因很少受到后期断裂活动的破坏，故构造形态保存完整。

6.1.5 塔西南—库木库里沉降带

1. 塔西南坳陷区

该坳陷区位于塔里木盆地西南部，呈北西向展布的沉降带，它出现于海西中期—晚期，至中新生代大幅度沉降，形成西北深、东南浅的深坳陷区，古生界和中新生界发育齐全，厚度大，成为塔里木盆地主要的油气资源区。

2. 库木库里盆地带

该盆地带西起托库孜达坂山以南，东至祁漫塔格西侧，东西长 500km 左右，南北最宽近 100km，现今表现为山间盆地。苏皮林断褶构造带斜接复合将其一分为二，西部为树库勒盆地（喀拉米兰洼地），东部为库木库里盆地。二者规模相差悬殊，外形受周边构造体系的控制，均呈三角形。盆地中除少量的石炭系、二叠系及海西晚期侵入岩呈孤岛状残山凌乱出露外，其他广大地区均被中新生代沉积物覆盖。

该盆地沉积范围窄小，仅在边缘有少量的白垩系和古近系—新近系出露。根据盆地中部石炭系褶皱呈近东西走向的特点，同时考虑到周边构造体系的影响，推测主体应属于昆仑复杂构造带的范畴，盆地的边缘可能出现与阿尔金系和北西向系走向一致的构造形迹。库木库里盆地内的中新世和上新世碎屑岩建造广泛分布，它们在喜马拉雅运动的影响下，形成一系列的近东西走向的背斜和向斜构造，两侧有少量的同一方向延伸的断裂伴生。褶皱构造一般延伸 10~15km，少数较大者延伸数万米，前者走向展布一致，后者轴向有弯曲摆动现象。背斜两翼岩层倾角多表现出北陡南缓之势。

盆地中新世—上新世沉积物厚度超过 5000m，较西部的树库勒盆地沉降幅度大。现代湖泊在南北两侧，反映了沉积中心有向两侧迁移的趋势（图 6-2）。

6.2 中亚北西向构造体系

该构造体系位于中亚地区东南部及准噶尔盆地西北部，发育了三条北西向断裂带和相配套的中新生代盆地，即图尔盖盆地、楚—阿亚苏盆地和克孜勒—库姆盆地。

6.3 北高加索北西向构造体系

该构造体系位于俄罗斯西南部高加索北部，发育北西向卡尔宾斯克隆起及北高加索盆地，南部为大高加索褶皱带，这些隆起盆地及褶皱带形成于晚生代，发育中新生代盆地及断裂系统。

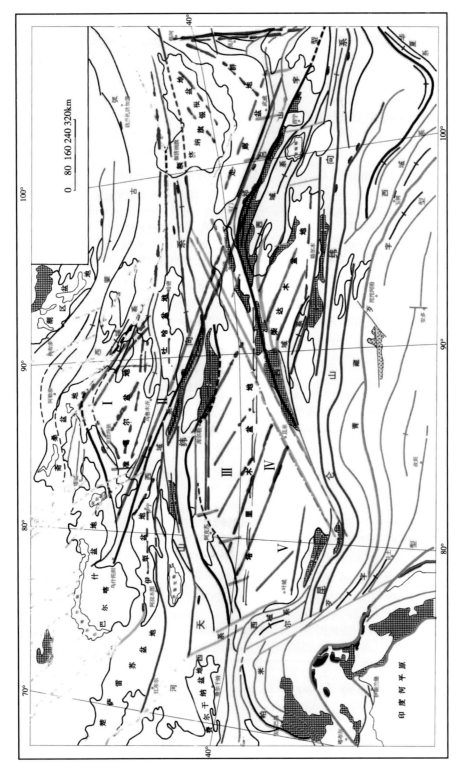

图6-2 中国西北地区北西向构造体系略图

I—东准噶尔北西向构造体系；II—博罗霍洛北西向构造体系；
III—阿瓦提—满加尔—柴达木西沉降带；IV—巴楚—祁楚—塔格格—苏
枝林北西向构造体系；V—塔西南—库木库里沉降带

6.4 中东扎格罗斯北西向构造体系

该构造体系分布在中东波斯湾北部，以扎格罗斯造山带为主体。主要产生于晚古生代、中生代，包括扎格罗斯褶皱带、坳陷带、阿拉伯斜坡带、波斯湾及波斯湾诸盆地、阿拉伯盆地及红海，总体为北西向展布，是一个巨型北西向构造体系。

6.5 北美洲西海岸北西向构造体系

该构造体系由北西向褶皱带及多个中新生代盆地组成，自北而南有阿拉斯加、亚历山大群岛、西华盛顿、萨克拉托洛山矶、加里福尼亚、东北部盆地、坦皮科、维拉克普斯太平洋岸等盆地，并伴有多条压性—压扭性断裂带及岩浆岩，形成十分明显的北西向构造体系（图6-3）。

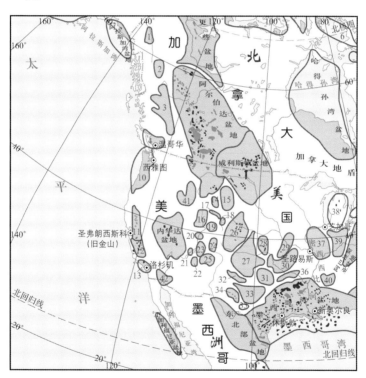

图6-3 北美洲西海岸北西向构造体系与盆地分布图

6.6 苏伊士湾北西向构造体系

该构造体系位于苏伊士湾的中部，兴于红海山和东部的西奈山之间，北北西走向，长320km，宽50~90km，面积2.3×10⁴km²。具有7000m沉积厚度的最深的部分，均位上海上，水深最大80m，还包括临近的少部分陆上部分。北西向构造控制了新生界沉积。

与埃及北部地层相同，平均厚度1000～1200m，由古生界—下白垩统砂岩和上白垩统—始新统碳酸盐岩组成；裂谷期层系，主要为中新统，平均厚度2500m(图6-4)。

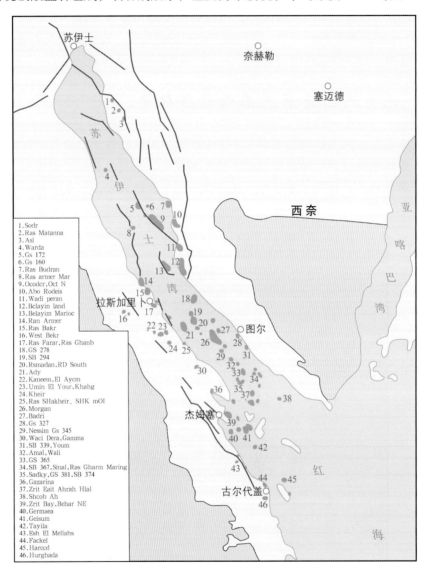

图6-4 苏伊士湾盆地新近系分布图(据HIS，2010)

6.6.1 构造特征

因地层倾向不同，盆地可分为三部分，北部地层向南西倾，中部地层向北东倾，南部地层向南西倾，三部分被倾角相对平缓的长5～7km的转换带所分割，但此带并未完全切割整个断陷，转换带以外被复杂的断块所替代(图6-5)。在晚渐新世—早中新世形成，五百万年前(中上新世)停止活动，中新世—更新世的下沉是由于地温变化所引起的。

苏伊士湾是一个近北—北西—南南东向的断陷盆地，海湾南端抵达红海(图6-6)。

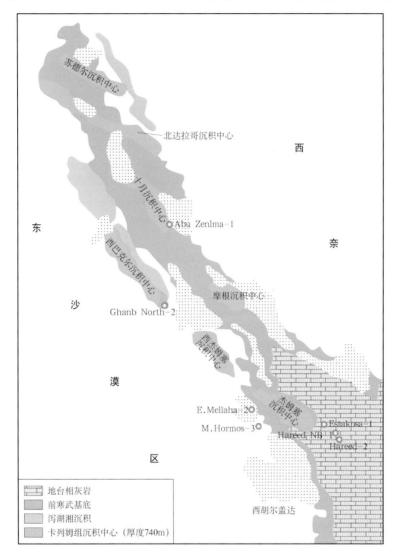

图6-5　苏伊士湾盆地构造纲要图(据 Sultan 和 Schutz，1984；HIS，2010)

6.6.2　盆地演化

在晚渐新世或早中新世，苏伊士湾盆地最初是作为红海大陆裂陷系统的一个下陷而发育的。

前裂陷沉积开始于寒武纪：第一组碎屑沉积物通常指努比亚可能是古生代的沉积物；第二个前裂陷沉积主要在早白垩世时期的一个继承性盆地中发育，为一套向北增厚的海相沉积，以努比亚的碎屑岩和碳酸岩的沉积物开始，到晚始新世为止。

苏伊士湾裂陷自晚渐新世时期的岩石圈打开开始，直至中新世。沉降的初始阶段，在

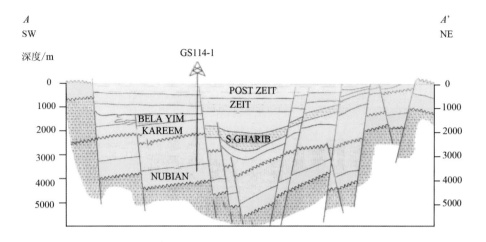

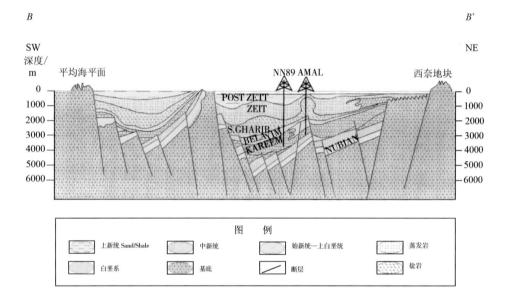

图 6-6　苏伊士湾盆地地质横剖面图(据 HIS, 2010)

裂谷肩部存在一个隆起, 随后是整个红海。苏伊士湾裂谷系统相对平静的后裂谷沉积时期, 苏伊士湾盆地主要为蒸发岩沉积。盆地演化最后阶段, 在盆地大部分地区出现了连续的地热驱动沉降, 在盆地南部和盆地北端存在再次扩张的明确证据。

1. 基底

基底复合体包括了各种结晶和变质的岩石类型, 常为具有花岗岩性质的片岩、片麻岩和玢岩。此外, 还有大量基底侵入岩形成的岩脉和岩床。

2. 早期的后裂谷坳陷单元

该阶段以整个红海裂谷系统相对静止期的后裂谷热沉降为特征。主要构造为位于复活断层上盘的反转和调整构造及压实/沉积驱动构造。Kareem 沉积之后, 似乎是另一个相对抬升期引起 Kareem 组顶部局部不整合, 其后起主要控制作用的是后裂谷热沉降, 发生于整个红海裂谷系统的相对静止期，直到中新世末期红海裂谷系统再次活跃。这个相对抬升作用形成了一个隔挡层，将苏伊士裂谷和之前与地中海相连的开放处分隔开，这个隔挡层标志着海湾内正常海相条件的结束以及第一期大规模蒸发岩沉积的开始。然而，在第一期蒸发岩单元内，别拉姆地层还有两期正常海相沉积，后一个产生了重要的碳酸盐岩储层，在倾斜的前中新世断块上形成藻类建造。后别拉姆沉积由两个更大规模的蒸发岩单元组成，即南 Gharib 组（主要是岩盐）和 Zeit 组（硬石膏和碎屑岩互层，含少量岩盐）。这些蒸发岩是盆地内的重要盖层。

　　3. 晚期的后裂谷坳陷单元

这个阶段的特点是活跃的断裂作用后地层降温导致沉降，叠加盆地南部复活的拉伸断裂作用。主要构造包括半地堑、披覆构造、边界断层再活动和对已有断块圈闭的改造。

在上新统—更新统碎屑岩开始新的沉降和聚集之前，Zeit 组顶部有一个明显的不整合面。新的沉积似乎反映了红海裂谷系统南部拉张作用和海底拉张作用的恢复。尽管红海的扩张似乎顺应死海—亚喀巴转换运动，仍有证据表明，苏伊士湾北部和南部从约 5Ma 至今均发生了新的拉张作用。在南部，大量断层切割海底，地震数据表明，目前仍有活跃的断裂运动；北部，继南 Gharib 组微量沉积之后，巨厚的 Zeit 组和后 Zeit 组（EL Tor 群）与 Darag 断层毗邻，反映了新的拉张作用。

7 山字型构造体系

山字型构造体系是李四光1929年提出的，由下列各部分组成。

前弧或正面弧经常是由若干相互平行的挤压带、高角度仰冲带等为主干而形成的弧型构造。在北半球范围内。这个弧形一般是向南凸出的，只在个别的情况下向西凸出，为了叙述方便，可以把它再分为几个部分。弧的中部或前部被称为弧顶，前弧两端继续往后伸展的部分被称为两翼。在多数场合，弧顶部分所呈现的弯曲度最大，而两翼则只具有很微弱的弯曲。但也有些前弧，它们的顶部和两翼的曲度差别不大，合起来成一个新月形（图7-1）。

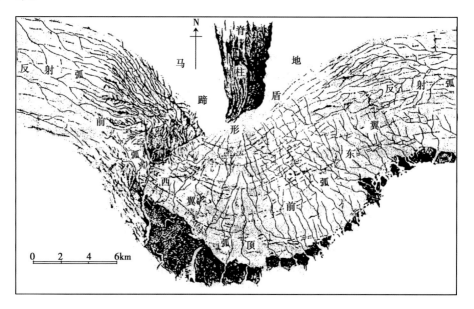

图7-1 一个小规模山字型构造模式（按照有关地区航空摄影所显示的地表形象描绘）

在弧形挤压带的顶部，断裂有时规模较大，它们所影响的地层可能较深，致弧顶陷落成为地堑而被新的沉积物所覆盖。在弧顶部分的褶皱和仰冲断层等，有时显示剧烈的水平挤压作用，因而形成重重相似的弧形构造。有时它们所形成的弧型褶带并不是很宽，为数也不是很多。构成翼部的挤压带，包括古老基岩的隆起带由较新沉积充填起来的长形盆地，有时大致彼此互相平行，也有时形成雁行排列。整个组成两翼的挤压带，如褶皱、仰冲断层、长形盆地等，往往越往后伸展数目越增多，形状越呈向外张开和撒开的趋势。反射弧在前弧两翼中部的某处，弧形开始呈现反转它弯曲向的趋势，也就是说，从那里开始，两翼趋向于向外张开，并且朝着和前弧前部弯曲方向相反的方向逐渐弯曲，继续伸展到弧形的两个终段，形成两个反射弧。前弧向南凸出时，反射弧则向北凸出；前弧向西凸出时，反射弧则向东凸出。反射弧有时规模不亚于前弧，有时规模较小并且弯曲度也较小，甚至有时仅仅略呈向外弯曲的趋势。它们不像前弧的主要部分那样挤聚在若干比较狭窄的地带中，而是分散在比较宽广的地区。

应该指出，一个山字型构造的弧顶、两翼和两个反射弧之间，不存在任何界线。它们总合起来，略呈正弦曲线状，也就是一边呈 S 形，而另一边呈反 S 形，在前弧顶点联合在一起，形成一个连续的、反复弯曲的复式构造带。这并不意味着组成它的各个构造带从反射弧的一端到另一端，都是完全连续的。

脊柱在前弧凹陷区，也就是被前弧所半包围地区的中间地带，经常有强烈的直线状的隆起挤压带存在。这种隆起挤压带在极少的场合，在它隆起以前可能经过沉降（或准地槽状）的过程。在个别特殊的场合，这种隆起挤压带隆起以后，是否可能经过陷落而成为槽形地带，还是未决的问题。这种隆起挤压带的位置，大致和前弧的双边对称轴一致，这就是山字型构造的脊柱。这些由若干挤压带形成的复杂压性构造带，一般都局限于一定的范围，但也有时比较散漫。其中挤压现象最剧烈的一带，大都是对着前弧的顶点，并且它的走向大致与前弧的顶部成直角。在这个强烈挤压带的两旁，往往有较弱的挤压带，这些挤压带离中央强烈挤压带越远，它们就越显得微弱乃至消失。构成整个脊柱的挤压带，越近弧顶越见削弱，最后在离弧顶还有一定距离的地方，就完全消失了。上述挤压带是由褶皱、仰冲面、挤压破碎带、劈面、片理、叶理等构成的。与挤压带成直角的方向，往往有张性断裂或正断层发生。

以上所叙述的是脊柱正规的形式，但它是否也可能以广阔的隆起，亦即小幅度的宽广褶皱、拗褶或复式沉降带（准地槽）的形式出现，是应该进一步研究的问题。由于在脊柱所在地带的范围内往往有古老的岩层出露，所以形成脊柱的挤压带，往往是复合在较老的挤压带之上。那些较老构造所呈现的挤压方向，当然不一定都是和山字型构造脊柱的挤压方向一致的。当山字型构造脊柱部分形成的时候，因为受到挤压，它必然是隆起的地带。但如果这个隆起地带后来又在和它的轴线成直角的方向受到了张力的作用，这样就有可能如上面提到的那样，在它的附近或它的两旁发生较大的断裂而形成地堑。

马蹄形盾地在脊柱和前弧的弧顶和两翼之间，往往存在着马蹄形的平缓地区或褶皱极为微弱的地带。在山字型构造的前弧曲度不大的场合，往往形成辽阔而又平坦的盾地。这个作为山字型构造的一个组成部分的盾地，可能是由古老的褶皱、断裂或其他构造形迹僵化了的部分组成的，也可能有新的褶皱、断裂或其他构造形迹穿过这块盾地。所有这些老的和新的构造形迹，当然都不属于山字型构造体系，因此必须明确地指出，它们的存在，并不影响马蹄形盾地形成时的稳定性。但在前弧曲度甚大的场合，这个马蹄形地带就仍然不免遭受一些比较微弱和短轴褶皱的影响。有些马蹄形盾地的全部或其中一部分，直到地面，是由经过了褶皱或断裂的古老地块构成的，另外也有一些马蹄形盾地，全部或部分在古老褶皱断裂的基底上覆盖着一定厚度的平伏岩层。前一类型的盾地，有时被称为台地，后一类型的盾地，有时被称为盆地。但如果从山字型构造整体的构造形态来看，这种出现在脊柱的一侧的盆地和在它的另一侧出露的古老破裂和褶皱的地块，它们是具有等同意义的。

山字型构造除了上述各组主要组成部分以外，有时在反射弧的陷区，还发生一些比较次一级的构造形迹。但在地质力学的意义上，它们并不一定是次要的。在反射弧凹陷区，往往出现规模不等的水平旋卷构造，同时在马蹄形盾地的范围内，尤其是在马蹄形盾地的中部和离前弧不太远的部分，也有时出现旋卷构造。反射弧凹陷区，一般是比较稳定的地区，它可能形成盆地或台地，但有时在它的中间地带层出现相当剧烈的褶皱而形成反射弧的脊柱。在那种情况下，它的两旁比较稳定的地区，也成为小型的马蹄形盾地。

在前弧弧顶的前面，由于张裂作用很强，有时有花岗岩体出露或埋伏在地下不深的处所。在反射弧的弧顶，也有时发生同样的现象。

走向南北的山字型构造脊柱，有时发生在已经受过东西挤压的地带，包括走向南北的地向斜和地背斜，也有时因为山字型构造脊柱已经发生，后起的构造运动便乘势发动东西向挤压，这样就形成了山字型构造脊柱和不属于山字型构造体系的南北向构造带复合现象。后者的发现，在中国境内，越来越频繁。如若它们出现在山字型构造前弧的后面，尤其是出现在前弧后面中部的时候，那就不免容易与构成山字型构造脊柱的成分混淆，但并非无法鉴别。以前已经提过，它们之间主要的差别，在于它们各自展布或散布的方式不同。单纯的南北向构造带往往穿过山字型构造体系的前弧，而属于脊柱中的南北向构造带，却绝不能穿过前弧。单纯的南北向构造带往往彼此严格平行，散布的范围颇广，而组成山字型脊柱的各个构造带，则都密集于前弧后面的中间地带，并且往往呈现向前（即向弧顶方面）变窄，向后（即远离弧顶方面）变宽的趋势。

概括地说，所有山字型构造，除了个别的例子，由于部分遭受了干扰或破坏以致发生不正常现象以外，它的主要组成部分，一般都以脊柱为轴，两边约略对称地排列起来，两翼互为犄角，形成一个具有上述形态规律的整体。构成它的各个组成部分的结构要素，例如褶皱、断裂等，也各自按照一定的规律排列或互相穿插。这些排列的规律，对矿产分布都起一定的控制作用，特别是在前弧和反射弧弯曲度最大部分附近，有时出现矿床的富集带。在山字型构造展布的地区，前述的规律性对于我们的勘探计划和施工设计的指导作用，是不应该忽视的。

从这些构造形态的规律，我们发现了更为重要的事实，即在中国境内，山字型构造的前弧一般向南凸出，只有极少数的构造体系，可能是属于前弧向西凸出的山字型构造。从在北半球其他地区已经确定的若干山字型构造判断，它们也是按照同样的规律排列的。这个山字型构造的方向性，是地质构造学上一种惊人的现象。它很清楚地指明，这一类型构造体系的起源，也和东西复杂构造带、南北向构造带一样，是与现今地球旋转轴的方位分不开的。

根据理论分析和模拟实验来考虑山字型构造所显现的一幅形变图像，我们有理由把卷入这一类型构造的地区当作一块平置的平板来看待。这种平板梁所承担的负荷是均匀的，也是水平的。负荷作用的方向，一般由高纬度向低纬度，在个别的场合由东向西。当这种平置的平板梁和它底下的岩层仅在离梁的两头不远的处所固着较紧，而在其他部分易于滑动或扭动的时候，它就会顺着负荷作用的方向稍有弯曲。在梁的中间，即与前弧顶点相当的处所，弯曲较为显著，同时山字型构造线，特别是压性和张性构造线的展布、排列和相互穿插的方式，也就反映了平板梁中曾经发生过的主应力轨迹网的形状。平板梁和它底下的岩层（可能是所谓基层，也可能比所谓基层更深）固着较紧的处所，一般是和反射弧凹面比较稳定地区的基底相符合的。

山字型构造的深度，现在还不能一概确定。但一般地说，规模较小的山字型构造所影响的岩层厚度较小；规模越大的，它所影响的岩层厚度越大。现在还没有发现小型的和小中型的构造体系属于这一类型。就已经发现的山字型构造来看，其中最小的，从一个反射弧的末端到另一反射弧的末端，长达30多千米；从最外一道前弧的顶点到脊柱离前弧最远一点的距离，达20多千米。至于这一类型构造的规模，最大的达到什么程度，现在还不能确定。

7.1 中国境内山字型构造体系

在中国已经发现的一批山字型构造，大都是从三叠纪以后成长起来的。到第三纪它们还有部分活动的模样。既然自从中生代以来它们可以这样发育，难道在更古老的构造层中就没有山字型构造存在的可能吗？显然越老的构造体系越难鉴定，因为它们大部分都遭到了破坏或掩盖，而且那些可能存在的古老山字型构造，与现今在地球表面上可以明确鉴定的山字型构造也不一定一致。就是说，我们现在还没有理由依靠中生代以来出现的山字型构造的展布，来推测可能存在的古老山字型构造的形式和它们展布的范围。

几年来在中国已肯定了一批山字型构造的存在，这些山字型构造各别的特点以及它们各别受到干扰或者和其他构造体系复合的关系，以后另有所述，在此不一一列举。

对每一个已经肯定的山字型构造，都经过了一段时期的野外实地工作实践才得到认识。

现在也还有若干构造体系的某些已知部分与山字型构造的特点符合，但对于其他部分尚待进一步调查研究，才能鉴定它们究竟属于什么构造型式。

既然在中国发现了这么多的山字型构造，在中国以外的北半球某些地区，也一定存在着山字型构造体系。

山字型构造体系的成生过程大致可分为3个阶段，即雏形期（或幼年期）、成型—定型期（或壮年期）与变形期（或老年期），大致相当于张国铎所划分的萌芽期、成型期与复杂化期。

（1）雏形期（或幼年期）：为山字型构造体系的发动期。前弧开始显露，主要表现为前弧沉降带或早期变形带。目前已经厘定的一部分弧型构造带，可能处于山字型构造体系的雏型期。

（2）成型—定型期（或壮年期）：为山字型构造体系的剧动期。活动旺盛，铸造了山字型构造体系的基本轮廓，并有较明显的变形带出现。初期前弧较为开阔，弧顶圆滑，且多由褶皱（正常褶皱）构成，后期逐渐出现逆冲断层；脊柱已经出现，初期相当短小，远离前弧，常由正常褶皱构成，后期逐渐扩大，趋向前弧，可能产生逆冲断层；盾地初期相当膨大，几乎没有什么同期构造形迹，后期逐渐缩小，并有轻微褶皱出现。在目前已经厘定的山字型构造体系中，大多数经过成型—定型期。

（3）变形期（或老年期）：为山字型构造体系的余动期。活力逐渐衰减，山字型构造体系发生畸变，逐渐背离正常形式：前弧曲率更大，翼角变小，弧顶更尖，以致变成 U 形或 V 形。脊柱更加向前扩张，更加接近前弧，其前锋可能分成若干短脊，其末端可能弯曲或分支，盾地更加狭小或行将消失。有的山字型，不但在脊柱范围内再生晚期前弧，而且在晚期前弧的内侧再生晚期脊柱，两者呈系内复合，形成山字型构造。在目前已经厘定的山字型中，少数处于变形期。

但是，有的山字型构造在成生过程中，可能遭受其他构造体系的干扰，因而出现先天性的残缺。有的山字型构造在成生之后，可能遭遇其他构造体系的改造而产生后天性的破坏，因此，不能要求所有山字型构造的各个组成部分都是那么齐全。在实际工作中，只要前弧和脊柱两个主要组成部分发育完好，一个山字型构造体系即可建立起来。给山字型构造的厘定工作带来较大的困难或引起诸多疑问的是：一是前弧是否存在，它是完整的弧型构造带，还是两组交叉褶皱或交叉断裂；二是脊柱是否存在，它与前弧是同一应力场作用下产生的、具有成生联系的统一整体，还是在两种不同的应力场作用下产生的互相干扰、复合的两部分。前弧如果发育完好，连续性强。识别并不困难，但若前弧弧顶断陷，被较新的沉积物所掩盖，或遭后期岩浆岩所侵位，或受其他构造体系所干扰，识别则较困难一些。鉴定时应注意前弧两翼的建造特点、变形特征是否具有一定的共性和连续性，以确定它们是否具弧形特征。关于脊柱鉴定问题更多，不少山字型构造体系的厘定都是脊柱落后于前弧。如淮阳山字型，1933 年，当淮阳弧最初被认定是一个山字型的前弧时，曾把远在由烈山到萧县以北的淮阳山脉，看做是这个拟议的山字型的脊柱，这当然是非常牵强的。1946 年，孙殿卿、徐煜坚发现河南固姑与安徽霍邱之间的四十里长山的褶皱及逆冲断层均呈南北向延伸，认为它们真正代表淮阳山字型的脊柱，但同时又觉得它们与强大的淮阳弧不相称，猜想可能是该区下沉被掩埋的缘故。1954 年，李四光教授推测淮阳山字型的脊柱可能沿着四十里长山带继续南延，在大别山区的元古宇—太古宇变质岩系中与其他构造体系的成分相复合。1955 年吴磊伯等人、1958 年宁崇质等人，先后前往大别山区进行了系统的调查，最后确定淮阳山字型的脊柱在河南、安徽、湖北三省接壤地区的固姑、霍邱、金寨、霍山、罗田及英山等地。就是说，从厘定前弧到厘定脊柱，延续了 25 年之久。再看伊尔库茨克山字型，早在 1929 年，李四光教授根据萨彦岭—贝加尔弧的存在，就指出伊尔库茨克地区可能有一个巨大的山字型，推测其脊柱应该在安加拉河以东，并以虚线形式绘入所著《中国地质学》(1939 年出版)一书的附图中。直至 1952 年，苏联地质工作者莫尔多夫斯基等于安加拉河东部发现了南北向的褶断带，才不自觉地证实了这一推论的正确性。

在中国大陆，目前已经厘定或拟议的山字型构造体系有 60 多个，现将主要的山字型构造体系叙述于下。

7.1.1　祁吕贺兰山字型构造体系

祁吕贺兰山字型位于我国中北部，跨越新疆、青海、甘肃、宁夏、陕西、山西、河北及北京等省、市、自治区，夹持于天山—阴山东西向构造体系和昆仑—秦岭东西向构造体系之间。其地理位置在东经92°00′~120°00′，北纬34°00′~41°00′，东西长达2000km，南北宽达900km，属巨型山字型构造体系(图7-2)。

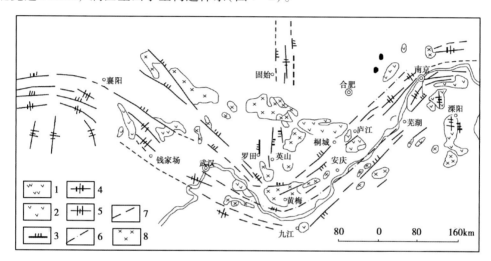

图7-2　淮阳山字型与燕山期岩浆岩分布关系图

1—上白垩统夹玄武岩；2—上侏罗统—下白垩统火山岩系；3—主干断裂带；4—背斜轴；

5—向斜轴；6—航磁推断裂；7—推测断裂；8—中酸性侵入岩

1. 祁吕贺兰山字型的展布范围和组成成分

该山字型前弧展布于祁连山、龙首山、疏勒南山、拉脊山、吕梁山、五台山及恒山等地，为一横亘东西、向南凸出的弧型构造带，简称祁吕弧。前弧弧顶位于宝鸡附近。宝鸡以西，构造线由东西向逐渐转为北西向，最显著的构造形迹有华家岭—宝鸡大背斜，天水—武山断裂带及礼县—同仁断裂带。宝鸡以东，构造线由东西向逐渐转为北东向。最瞩目的构造是汾渭地堑，其次是铜川复背斜和中条山复背斜。弧顶与昆仑—秦岭东西向构造体系重接。

前弧西翼伸展于酒泉、民乐、兰州至定西一带，大致相当于合黎山、龙首山、马雅雪山、哈拉古山、拉脊山及祁连山的范围。它由北西向的褶皱带、断裂带和夹于其中的槽地呈反多字型排列的形式显现出来。兰州以东，主要由前弧弧顶延入的华家岭—宝鸡大背斜、天水—武山断裂带及礼县—同仁断裂带的西段构成。兰州、临泽之间，以背斜和槽地平行相间斜列为特征，并有同向递冲断层伴生，自北而南依次为：合黎山—龙首山褶皱带、张掖—民乐槽地、马雅雪山大背斜、门源槽地、大通山—青石岭大背斜、西宁—民和槽地、日月山—拉脊山大背斜及循化槽地。临泽—酒泉之间，主要由重接在较老的北西向系的构造带之上的大背斜和断裂带构成，自北而南依次有：祁连山主峰—走廊南山复背斜、黑河上游槽地、托来牧场槽地、托来山复背斜、大通河上游槽地、疏勒河上游槽地和疏勒南山复背斜。

前弧东翼伸展于韩城、离石、宁武至大同一带，大致相当于吕梁山、五台山及恒山的范围。由北东向的呈多字型排列的大背斜(或陆梁)和大向斜(或槽地)显现出来，并有同向冲断层伴生。自北向南依次为：阳原背斜、阳原南山断层、桑干河槽地、桑干河南—南口大背斜、浑源槽地、广灵—蔚县断层、恒山大背斜、百花山向斜、繁峙槽地、五台山—吕梁山大背斜及太原槽地。

祁吕贺兰山字型的脊柱展布于前弧北侧的磴口、银川、中宁至平凉一带，为一南北向的中部略向西凸出的狭长构造带，统称贺兰山褶皱带，重接于贺兰山南北向构造体系之上，向北可能伸至天山—阴山东西向构造体系的南侧。该脊柱由南北向的褶皱和冲断层构成，自西而东依次为：得来记—中卫断裂带、贺兰山大背斜、中宁—同心大背斜，石嘴山—银川—固原大向斜(或槽地)、桌子山—青龙山—平凉大背斜及其东侧大断裂和盐池—环县大向斜。

它的盾地分隔于脊柱的东西两侧。西侧为阿宁(阿拉善—会宁)盾地，中生代为一个少许抬升的盾地，仅局部地区沉积了中生界，直至新生代才成为一个具有较大幅度的相对下降区。东侧为著名的伊陕盾地，是一个自三叠纪或侏罗纪开始直到古近纪—新近纪长期相对下降的盆地。其内岩层产状平缓，仅于边缘地带出现宽缓的褶皱或穹窿。

祁吕贺兰山字型的反射弧：西翼反射弧展布于酒泉、玉门、肃北至安南坝等地，为一向北凸出的弧型构造带，弧顶在桥湾之北，系由北西西—北东东向成弧形延伸的褶皱和冲断层构成。自北而南依次为：柳园断裂带及玉峰山—柳园—后红泉大向斜、桥湾—敦煌断裂带及安西—敦煌隆起带、玉门镇—嘉峪关北槽地、肃北—嘉峪关断裂带、昌马—玉门槽地。该反射弧北部伸入天山—阴山东西向构造体系的南侧，其东西两翼与该东西向构造体系斜接，中部与天山—北山东西向构造体系重接。西翼反射弧脊柱展布于盐池湾、月牙湖及其以南的部分地区，主要由近南北向的冲断层和褶皱构成，向北在疏勒南山断裂带以南消失，向南延伸情况目前尚不十分清楚，可能于乌兰达坂山以北还有其踪迹。东翼反射弧展布于大同、宣化、承德至秦皇岛等地，为一向北凸出的弧型构造带，弧顶在承德附近，系由北西西向、北东东向或弧形延伸的褶皱、槽地和冲断层构成。外弧有涿鹿—怀来槽地、狼山—旧县断裂与大古城—永宁断裂、延庆槽地、滦平背斜与雾迷山断裂带、隆化背斜和承德向斜、青龙—秦皇岛背斜、迁安—昌黎背斜。内弧有滦县褶皱带、小汤山—下仓褶断带、北京西山褶断带。该反射弧北部伸入天山—阴山东西向构造体系的南侧，其东西两翼与该东西向构造体系斜接，中部与该东西向构造体系重接。另据物探资料，揭示该反射弧的成分在渤海、旅(顺)大(连)仍有踪迹可寻。

2. 祁吕贺兰山字型的成生时代

现有资料表明，祁吕贺兰山字型弧型构造带在石炭纪开始萌生，晚三叠世时，脊柱开始显示。晚三叠世末的印支运动后，该山字型的基本轮廓大体形成，前弧和脊柱继续隆起，伊陕盾地继续沉降，阿宁盾地少许抬升，前弧西翼出现了一系列反多字型槽地，为侏罗纪沉积提供了场所。晚侏罗世末至早白垩世末的早、中期燕山运动，弧型构造带与脊柱先后成熟，整个祁吕贺兰山字型构造体系最后定型。晚白垩世时，该山字型构造体系整体隆起。古近纪—新近纪时,前弧西翼诸槽地和阿宁、伊陕盾地又接受沉积。挽近期,该山字型构造体系仍有强烈活动,为我国中北部最主要的活动性构造体系之一。

3. 祁吕贺兰山字型的控矿、控震作用

祁吕贺兰山字型弧型构造带中的多字型或反多字型槽地,一般是沉积矿产集中的部位。如前弧西翼的门源槽地和循化槽地,前弧东翼的桑干河槽地、繁峙槽地和太原槽地,都是重要的聚煤盆地。阿宁盾地和伊陕盾地,亦系各期含煤建造的集中场所。这些槽地或盾地中由于相对扭动而产生的低序次、低级别雁列式背斜或旋扭构造体系,还是石油和天然气聚集、保存的有利地段。

祁吕贺兰山字型与其他构造体系的复合部位,往往是内生金属矿产的富集地带。祁吕贺兰山字型还是我国中北部重要发震构造之一,天然地震相当频繁而强烈。7~8级地震沿前弧和反射弧成带分布,是一个强震活动带。

7.1.2 淮阳山字型构造体系

淮阳山字型构造位于长江中下游地区,跨越湖北、河南、安徽及江苏、江西等省,位于东经109°00′~120°00′,北纬29°50′~32°20′之间,东西长约1000km,南北宽约300km,属大型山字型构造体系(图7-3)。

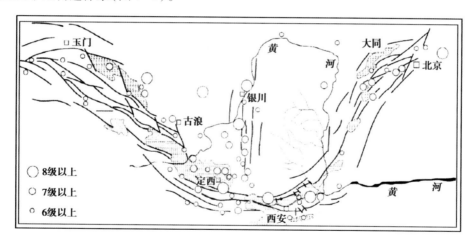

图7-3 祁吕贺兰山字型构造与地震震中分布关系图(据周济元,1989,修改)

1. 淮阳山字型的结构及主要组成成分

1)前弧

展布于襄阳、应城、武汉、九江、安庆、铜陵至南京、镇江一线,为一横亘东西向南凸出的弧型构造带,通称淮阳弧。它由一系列的褶皱、冲断层和中生代中酸性岩带构成,贯通前弧的4条弧型断裂带,将前弧分割为内、中、外(或北、中、南)3个弧型构造岩相带。

(1)内带:其北界在前弧东翼,为北东向的滁河—桐城断裂带,经太湖逐渐转呈北东东向至东西向,过梅川花岗岩体北部与前弧西翼的蕲春—芳畈动力变质带、褶断带相连,向北西与应山—刺阳断裂带衔接,至南阳盆地及其西侧。滁河—桐城断裂带有宽达7km以上的北东向的动力变质带,燕山期岩浆活动强烈且断续成带,蕲春—芳畈动力变质带宽达数千米至 30km,长达 100km,燕山期芳畈、双峰尖岩体形成糜棱岩化花岗岩和碎裂花岗岩。两个动力变质带东西对应,特征一致,时代相同。内带南界在前弧东翼为北东向的罗河—乌江断裂带,向东延至东翼反射弧,构成宁镇弧之北界,向西延至宿松、黄梅,逐渐转呈近东西向,更西过大金、蕲春,逐渐转呈北西向与蕲州—安陆—襄樊断裂带连接。两条弧型断裂带之间,由若干次级隆起带、褶断带和坳陷带组成,在东翼呈多字型斜列,在西翼呈反多字型斜列,带内燕山期中酸性侵入岩和火山岩断续分布,并有白垩纪—古近纪—新近纪盆地叠加其上。

(2)中带:其南界在前弧东翼为北东向的小丹阳—铜陵—望江断裂带,向西过望江逐渐转呈东西向,沿长江经武穴抵大冶,与汉阳—南漳构造带相连,在江汉盆地东北缘亦有显示。该带上古生界和三叠系发育齐全,分布广泛,保存良好,晚侏罗世至白垩纪中酸性火山岩、潜火山岩及燕山期中偏碱性侵入岩广泛发育。武汉至宁镇地区,以高碱质岩浆侵入和喷发活动为特征,火山岩盆地和侵入岩隆起几乎首尾相连、相间产出,形成显著的岩浆岩带。江汉盆地以西,则以基性火山活动为特征。此外,沿带弧形航磁异常带极为醒目。

(3)外带:其南界在前弧东翼,为北东向的南陵—青阳—庐山断裂带,规模大,延续好,多与北东向构造带重接或斜接。至九江、阳新逐渐转呈近东西向,过三溪、双溪逐渐转呈北西西—北西向,与邓南—钱家场断裂带相循。航磁异常和遥感影像均清晰反映该带存在,岩浆岩带、铜硫矿带和物性异常带亦与该带一致。九江—阳新段破裂形变不显著。由一系列近东西向的次级褶皱群、裂隙带及小型冲断层构成,可能属韧性压扭性构造带。

此外,值得提及的是前弧褶断带中的褶皱强度和类型,随构造运动的先后而呈现规律性的变化。即中三叠统及其以前的岩层主要为紧闭型褶皱,常有倒转褶皱和扇形褶皱,在平面上东翼多呈 S 形,而西翼多呈反 S 形。上三叠统—中侏罗统主要为宽展型、短轴型褶皱,时有倒转褶皱。上侏罗统火山岩和碎屑岩主要为宽展型褶皱。

前弧弧顶位于武穴之东,即东经 115°40′附近。弧顶北部主要由燕山期梅川花岗岩体构成。该岩体呈一微向南凸的弧形,其弧形转折部位约在荆竹铺附近。该处有多条中元古界红安群捕房体,均呈东西向展布,其片理走向东西。荆竹铺南,发育一组石英钠长斑岩脉,脉群走向近南北,向北收敛,向南撒开。弧顶南部的武穴附近,震旦系呈东西向延伸,下伏中元古界红安群亦作东西向展布。弧顶偏西部位的武穴—蕲州一带,由古生界和三叠系组成的田镇复向斜及其两翼冲断层,呈北西西向,弧顶偏东部位的武穴—黄梅一带。中生代—新生代沉降显著,现被白垩系—古近系—新近系及第四系覆盖。据物探资料揭示,其中存在由古生界和三叠系组成的褶皱群,主体呈北东东向,向西逐渐转呈东西向。弧顶部位河网发育,湖泊棋布。

2)脊柱

展布于前弧北侧的固始、霍邱、金寨、霍山、麻城、罗田及英山等地,为一南北向的构造带,主要由南北向或近南北向的冲断层和挤压破碎带组成,还有同向小褶皱、片理和脉岩带。构造形迹比较分散，但依一定经度集中，自西向东依次为：三里畈带，宽13~15km，长75~80km，以南北向挤压破碎带为主，有冲断层和片理带伴随；漫水河带，宽10~12km，长60~65km，南北向片理带和冲断层为主；英山带，为最强烈的一带，宽15~18km，长约100km，南北向挤压破碎带，冲断层、片理带和小褶皱相当密集，并有燕山期岩体和岩脉伴生，关口弧型构造带东翼的北东向褶皱，至此亦被该带所归并，而呈南北向伸展，该带处于东经115°40′，向南直指前弧弧顶。每带间距15~20km，整个脊柱宽达70~80km，呈北宽南窄的楔形。脊柱构造形迹向北越过北淮阳之后，凸起于河阳平原之上的南北向的四十里长山断褶带和铁矿带，横跨于东西向构造带之上。物探揭示该带已延至颍上以北，实为脊柱的北延。据同位素年龄测定，该带形成于距今240Ma前后，属印支早期；组成脊柱的南北向压性结构面南延至汪家坝几乎绝迹，代之以北西向与北东向两组共轭扭性断层或节理，构成棋盘格式构造体系，这是脊柱的另一表现形式，也是脊柱行将消失的表现。

盾地展布于前弧与脊柱之间的红安、望天畈及岳西一带，为一向南凸出的马蹄形地段，其西部和东部分别为关口弧型构造带和岳西弧型构造带，中部主要是晋宁期和燕山期花岗岩体，并保留着元古宇变质岩及其构成的北西西构造带的片段。

3) 西翼反射弧

展布于襄阳、房县至巫溪等地，为一略微向北凸出的弧型构造带。通称房县弧，弧顶位于房县之东，由发育在元古界、古生界和三叠系中的北东东向、北西西—近东西向或弧形的褶皱及冲断层构成。北部以青峰断裂和九道—阳口断裂之间的褶皱带为主体，挤压尤为强烈，褶皱多为紧闭型，向南倒转，断裂多为向南逆冲的逆掩断层，组成叠瓦状构造。南部以神农架复背斜和聚龙山复向斜为主体，褶皱比较宽展。房县弧以北商南至丹江口一带的北西—北西西向构造带，也可能是西翼反射弧的外围组成部分。其砥柱是黄陵背斜，为一近南北向的短轴形岩块。其核部被古元古界变质岩系及晋宁期花岗岩体所盘踞，翼部被古生界和三叠系所环绕，两者呈显著角度不整合。黄陵背斜与房县弧配置呈弓矢状，又可视为反射弧脊柱。西翼反射弧盾地是秭归盆地与荆当盆地，分别位于黄陵背斜西、东两侧，均为上三叠统和侏罗系组成的含煤盆地，其内岩层产状平缓，变形微弱，含煤岩系保存良好。

4) 东翼反射弧

展布于南京、扬州、镇江至常州等地，为一向北凸出的弧型构造带，通称宁镇弧，弧顶位于镇江之西，由北东东向、北西西向、近东西向或弧形的褶皱及冲断层构成。其北部为扬州复背斜，主要由侏罗系组成。南部为南京断陷盆地，主要由三叠系、侏罗系组成，并有燕山期花岗岩体侵入其中。中部为仪征坳陷，堆积有巨厚的白垩系—古近系—新近系。与之伴生的弧型断裂相当发育，常常显示逆冲推覆的特点，并在宁镇弧的东两两段分别显示右行和左行扭动，与东翼反射弧应力场相适应。宁镇弧以北嘉山至建湖一带的弧型隆起带，也可能是东翼反射弧的外围组成部分。东翼反射弧脊柱历来认为是茅山构造带，近年有的学者认为茅山构造带是中生代后期的推覆体，部分压性结构面切穿了宁镇弧，是淮阳山字型构造体系定型之后的产物，不能视为宁镇弧的脊柱。但有的学者认为，茅山构造带还有不少近南北向压性结构面，西侧者略偏东，东侧者略偏西，总体呈北窄南宽的楔形。到宁镇弧弧顶，它们并未切穿宁镇弧，且其成生时代与宁镇弧相近，仍可视为宁镇弧的脊柱。还有的学者根据岩相古地理资料，认为宁镇弧内侧，至少从三叠纪开始，常州、溧水、溧阳之间是一个长期坳陷的盆地，早中三叠世堆积了厚达1000m以上的碳酸盐岩及含膏盐蒸发岩系，是浅海—海湾潟湖沉降带中的卵圆形低洼区，晚三叠世一度为相对隆起带，至晚侏罗世—早白垩世，溧永、溧阳、句容之间又成为火山岩盆地，堆积了较厚的火山岩系，因而认为宁镇弧内侧是一个旋涡。

2. 淮阳山字型的成生时期

淮阳山字型经历了较长的成生发展过程，大致可分为雏形期、成型期和定型期3个阶段。

长江中下游地区从中石炭世到晚二叠世存在一个弧型沉降带，至中石炭世，南侧沉积中心在前弧西翼的天门、大冶一带呈北西向，经阳新过九江至前弧东翼转呈北东向。北侧由黄石经宿松过安庆、巢湖抵南京，形成一弧型沉降槽地，沿带有宿松、安庆、巢湖3个北东向和南京东西向沉积中心。晚二叠世，沉积中心在前弧西翼的流芳—下陆一带呈北西向，向东转呈东西向，延至前弧东翼的安庆，繁昌一带转呈北东向。因此，从中石炭统到上二叠统的形成和分布看，长江中下游地区处于同一时代。此外关于淮阳山字型脊柱的成生时代，从罗田、英山等地的南北向冲断层、挤压破碎带与燕山期岩体、岩脉关系看，脊柱南段主要形成于晚侏罗世；从霍寿铁矿同位素年龄资料看，脊柱北段的雏形期可能在印支早期，但定型期仍在燕山中期。脊柱的成生发展与弧型构造带大体同步或稍晚。

3. 淮阳山字型的控矿作用

淮阳山字型的前弧和脊柱两个挤压性构造带具有鲜明的控矿作用，弧型构造控制长江中下游铁铜矿带。淮阳山字型前弧的内、中、外3个弧型构造岩相带，由于岩相的差异，铁、铜、硫、金及石膏、煤等矿床的赋存亦具有明显的差异。内带岩浆岩活动相对较弱，上古生界和三叠系蒸发岩系发育较差，矿产以铜矿为主，铁矿次之，伴有铅锌矿。从六合经滁县大马厂至庐江、沙溪、桐城为一铜矿带，以斑岩铜矿为主。黄梅、浠水之间和谷成、枣阳一带，亦有同期热液型铜矿产出。中带为强烈挤压扭动构造带，上古生界和三叠系蒸发岩系发育齐全，厚度甚大，中偏碱性火山岩、潜火山岩和中基性、中酸性、偏碱性侵入岩广泛分布，矿产以铁矿为主，伴有铜、硫、石膏、明矾石矿，从鄂州、大冶过黄梅，经庐纵、宁芜至宁镇为一铁矿带，其西侧由于江汉盆地掩覆及其以西抬升剥蚀，含矿性尚待深入研究。外带岩浆活动以中性、中酸性及酸性为主，侵入岩及火山岩较内带发育，但强度不及中带，且碱质亦不及中带高，上古生界和三叠系蒸发岩系也不及中带发育，矿产以铜矿为主，伴有铁、硫、金，从阳新、九江过贵池，经铜陵、繁昌至溧水、句容，铜矿星罗棋布，为长江中下游地区主要铜矿带。因此，无论从一级构造岩相铁铜成矿带或二级铁铜成矿带以至矿田、矿床，都反映出弧形构造带的逐级控矿作用。

霍寿铁矿带位于淮阳山字型构造体系脊柱北段，矿床、矿体主要形成于新太古界—古元古界含铁变质岩系中，碎屑沉积或火山沉积改造型铁矿床。含铁岩系在区域上呈东西向展布，但在淮阳山字型构造体系脊柱横跨复合地带，则形成南北向（中部西凸）褶断带。铁矿南北成带，东西成行，隐伏于第四系之下、该构造含矿带中，有混合岩化和花岗岩化岩石出现。据同位素测定，原岩年龄值为 2446～2580Ma，区域变质年龄值为 1716～1757Ma。但周集组含角闪石黑云母石英磁铁矿石中的黑云母，钾氩法年龄值为 250Ma，表明晚海西期—印支早期南北向构造带的活动地区铁矿的改造富化起重要作用。尽管霍邱群含铁岩系自东向西分布甚广，但因没有遭受到像本区南北向构造带的改造，故未能形成工业铁矿床和次级铁矿带。所以，霍寿铁矿带的形成与淮阳山字型构造体系脊柱的复合改造作用密切相关。

7.1.3　云南山字型构造体系

云南山字型构造位于云南中东部，东经 100°00′～105°00′，北纬 23°30′～27°00′，东西长约 450km，南北宽约 350km，属大型山字型构造。

1. 云南山字型的主要特征

该山字型前弧展布于南华、晋宁、通海、陆良、新平、石屏、红河及泸西等地，由四道横亘东西向南凸出的弧型构造带组成，自北而南依次为晋宁弧、通海弧、异龙弧和红河弧，南北宽 150～160km。晋宁弧伸弛于牟定、易门、晋宁至寻甸一带，南北宽 3～4km，弧顶在晋宁南西 8km 处，发育在前震旦系、震旦系及下古生界中，由北西向、北东向及弧形褶皱和冲断层构成，主要有牟定断层、板桥断层等。通海弧伸弛于楚雄、峨山、通海、路南、曲靖至宣威一带，发育在下古生界、上古生界及侏罗系中，南北宽 7～8km，弧顶在通海南西 10km 处，由弧型褶皱及冲断裂。斜冲断层构成。前弧西翼构造线较稀疏，以北西向的曲溪断层为主干，楚雄、姚安等白垩纪—古近纪盆地亦作北西向伸展，延至大理、下关一带，逐渐转呈北西西向、东西向以至南西向，形成向北凸出的西翼反射弧，通称大理弧。前弧东翼构造线较密集、由一系列北东向的褶皱及冲断层构成，略呈多字型排列，延至宣威、威宁一带、逐渐转呈北东东向、东西向以至南东向，形成向北凸出的东翼反射弧，习称威宁弧。异龙弧伸弛于南华、双柏、新平、石屏、建水、弥勒、陆良、至富源一带，发育在古生界及侏罗系中，南北宽 10～12km，弧顶在异龙湖东缘，即石屏南东 15km 处，主要由弧型大背斜和弧型大断层构成，前弧西翼因被川滇南北向构造带干扰和破坏，直至双柏、南华等地才有较为明显的表现，主要由发育在侏罗系中的北西向的褶皱及冲断层构成，褶皱常呈 S 形弯曲，前弧东翼主要由北东向的冲断层、斜冲断层及褶皱构成，诸如曲靖—牛首山断层、盘溪—陆良断层、小龙潭—弥勒断层及富乐大背斜，弥勒、曲靖等古近纪—新近纪盆地亦呈北东向伸展。前弧东翼延至富源、兔场、十城一带，逐渐转呈北东东向至南东东向，形成向北凸出的东翼反射弧，弧顶在土城之西，可称土城弧。红河弧伸弛于南涧、元江、红河、开远、泸西至罗平一带，发育在古生界—三叠系及侏罗系中，南北宽约 10km，弧顶在红河县城以东 21km 处，由弧型褶皱、冲断层及挤压破碎带构成，前弧西翼大抵沿元江、礼社江，作北西向延伸，主要由北西向褶皱及压性冲断层构成，部分与青藏川滇歹字型构造体系和华南山字型的红河断裂带重接。在南涧以东，哀牢山北端与红河断裂带分离后，继续沿礼社江呈北西向延伸，并在南涧附近形成向北凸出的西翼反射弧（南涧弧）。在南涧以南，无量山北端的褶皱、冲断层、变质岩系的片理带及布格重力异常带亦呈弧形展布，澜沧江河道在此亦呈弧形蜿蜒，前弧东翼大抵沿南盘江作北东向延伸，以北东向的南盘江大断层为干，延至罗平、兴义一带，逐渐转呈北东东向、东西向以至南东向，形成向北凸出的东翼反射弧，通称兴义弧。

云南山字型的脊柱展布于前弧北侧的会东、武定、昆明至玉溪等地，为一南北向的线形挤压构造带，向北延至金沙江江畔渐趋消失。向南延至通海之北逐渐减弱，东西宽约120km，南北长约260km，发育在前震旦系、震旦系及古生界中，重接在川滇南北向构造体系中带之上，主要由南北向的褶皱及冲断层构成，北段有大黑山向斜、禄丰向斜、撒营盘向斜、马麓塘断裂、杨林—嵩明断裂等，南段有昆明西山断裂和蛇山断裂。

2. 云南山字型的成生时期

云南山字型卷入了元古宇昆阳群、震旦系、古生界及中生界，并控制着印支期花岗岩侵位，沿红河弧，海相中下三叠统的厚度远比邻区大，在红河弧弧顶，晚三叠世陆相断陷盆地发育，沿红河弧、异龙弧、通海弧和脊柱，白垩纪—古近纪—新近纪小型陷落盆地有分布，据此推测，云南山字型构造体系在三叠纪以前乃至晚古生代已具雏形，晚三叠世印支运动基本成型。

7.1.4 广西山字型构造体系

广西山字型构造体系位于广西壮族自治区的中部和北部，至贵州、湖南两省的南部，位于东经106°00′~113°00′，北纬23°00′~26°30′，东西长约680km，南北宽约360km，属大型山字型构造体系(图7-4)。

1. 广西山字型的基本特征

广西山字型前弧展布于东兰、都安、黎塘、象州至荔浦一带，为一向南凸出的弧型构造带，通称广西弧。前弧弧顶位于黎塘、古辣至甘棠一线，即昆仑关与镇龙山之间，由一系列弧形或东西向的紧闭型褶皱及冲断层构成，如黎塘背斜、古辣断层和甘棠断层。这些断裂，一律自北向南逆冲，并被一系列北北西向的张扭性断层斜切而节节错移。白垩纪和第四纪盆地亦呈弧形展布。弧顶南侧有燕山期昆仑关花岗岩体侵位，系弧顶强大引张作用控制的结果。前弧西翼循大明山、都阳山至凤凰山，在保平附近被宜山东西向构造带干扰而明显分为两段。南东段由北北西向的褶皱及冲断层或斜冲断层构成，其外弧以大明山大背斜为主体，伴有多条冲断层。大明山大背斜轴部为下古生界变质岩系，两翼为上古生界或三叠系。其内弧以都安—上林冲断带为主体，伴以小型背、向斜，主要有瑶南断层、马山断层、上林断层、塘红断层及红渡断层，北东盘向南西逆冲，形成叠瓦状构造，并被一系列北东向的张性或张扭性断层截切。北西段由北西向的褶皱及冲断层构成，诸如东兰断层、都阳山背斜、长坡断层及河池断层，形成北西向都阳山脉。前弧东翼循镇龙山、大瑶山、蒙山至海洋山、都庞岭，由北东向至北北东向的褶皱及冲断层构成。其外弧以镇龙山—大瑶山大背斜为主体，伴有多条冲断层。大瑶山大背斜轴部为下古生界变质岩系，两翼为泥盆系，整个背斜呈S形。其内弧以四排—武宣冲断层为主体，伴以小型背、向斜，亦呈S形反复转折，主要有武宣断层、四排断层、桐木断层及荔浦断层，北西盘向南东逆冲，形成叠瓦状构造，并被一系列北西向、北西西向的张性或张扭性断层截切。

广西山字型脊柱展布于前弧北侧的榕江、从江、融安：罗城、柳城至大塘等地，为一南北向构造带，东西宽约100km，南北长约250km，由一系列南北向的褶皱及冲断层构成，大致可以宜山—柳城—一线为界，分为南北两段。北段是脊柱的主体，成生较早，主要有九万大山大背斜、摩天岭大背斜、元宝山大背斜及泗顶大背斜。背斜核部为元古宇四堡群变质岩系，并有早古生代花岗岩，它重接复合于古南北向构造带之上。压性断裂带往往成群出现，主要有榕江断裂带、天河断裂带及龙胜—柳州断裂带。南段脊柱成生较晚，可能由早期盾地发展而成，褶皱平缓开阔，地层倾角多为5°~35°，并有渐向西翼过渡之势，所以，盾地很不明显。

西翼反射弧展布于平塘、惠水、罗甸至紫云等地，由于南北向构造带的横跨而较为模糊，仅于罗甸至南丹一带可见部分向北凸出的弧型构造，通称沫阳弧。沫阳弧以北的惠水至都匀一带，若将一系列南北向褶皱的高点和低点连接起来，尚可隐约看出与沫阳弧大致平行延伸的弧形高点带和低点带。这些高点和低点，显然是该反射弧与南北向构造带在背、向斜叠加部位互相加强或减弱的反映。东翼反射弧展布于零陵道县至嘉禾等地，为一向北凸出的弧型构造带，由弧型褶皱及冲断层构成，主要有紫金山—阳明山—塔山复背斜和道县—嘉禾复向斜。其南蓝山、江华至连县一带，发育一个主要由震旦系和寒武系组成的南北向地块，即为该反射弧的砥柱。

2. 广西山字型的形成演化

广西山字型卷入地层为元古宇—白垩系。根据区域地层不整合面上、下构造形迹的筛分及晚古生代沉积岩相等厚图的分析，其成生、发展过程大致如下。

志留纪末的广西运动，使广西山字型开始发生，并初步成型，从志留系与泥盆系之间的角度不整合面之下构造形迹的展布特征(图7-4)可以看出，当时广西山字型的基本轮廓已臻完备，其时前弧、脊柱和反射弧所在位置与其定型后备部分所在位置大体一致。其西翼反射弧和砥柱，被上古生界和三叠系所覆盖，真相难明。另从广西运动(加里东运动)后第一沉积盖层泥盆系莲花山组岩相等厚图分析，它控制着莲花山组沉积的概貌。但从改造控制建造的角度分析，晚古生代时，罗甸、望谟至南丹、河池一带，是一个沉积较薄的向北凸出的弧形相区，乐业至凤凰山一带，是一个沉积较厚的近圆形相区。前者反映广西期西翼反射弧是一个弧型隆起带，后者说明广西期西翼反射弧砥柱是一个近圆形旋涡坳陷区，它们与东翼反射弧和砥柱处于同一纬度上，彼此遥相对应。

泥盆纪至中三叠世，广西山字型大部分被海水淹没，但在山字型构造应力场继续作用下进一步发展，此时，盾地广阔，沉降快速，沉积物近10000m，以碳酸盐岩为主，反映当时该区为海底坳陷区。前弧和北部脊柱沉降缓慢，沉积物仅数百米至3000~4000m，以硅质岩和泥砂质岩为主，反映当时该区为海底隆起带或隆起区。西翼反射弧在罗甸、望谟至南丹一带，泥盆系属南丹型沉积，为富含竹节石、菊石等漂浮生物的泥质、硅质、碳酸盐岩地层。西翼反射弧砥柱在乐业至凤山一带，泥盆系属象州型沉积，为盛产腕足类、珊瑚等底栖生物的碳酸盐岩地层。东翼反射弧的阳明山一带，中泥盆世亦形成向北凸出的弧形隆起区，并控制着地层的沉积物堆积。

晚三叠世的印支运动是广西山字型的主要定型期(图7-5)。上古生界和中下三叠统产生显著变形和变位，形成前弧、脊柱和反射弧诸褶断带。在恭城、宾阻和都安等地，侏罗系、自垩系沉积其上，其间呈角度不整合。同时，印支运动还促成脊柱继续向南扩展，盾地逐渐向中心收缩。随着时间的推移，广西山字型前弧曲度越来越大，两翼夹角越来越小，脊柱越来越向南推进，盾地越来越窄直至消失，表明广西山字型发育期间，整个广西地区是逐步向南滑动的。

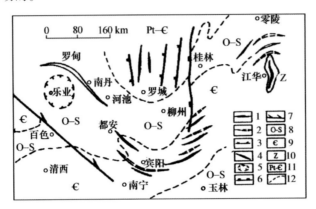

图7-4　广西山字型构造体系图（据广西壮族自治区区域地质志，1985）

1~5—山字型构造成分（1—背斜；2—向斜；3—断裂；4—推测隆起带；
5—推测坳陷区）；6—南北向断裂；7—北西向断裂；8—奥陶系—志留系；
9—寒武系；10—震旦系；11—元古宇—寒武系；12—推测地质界线

侏罗纪至白垩纪的燕山运动，广西山字型再度活动，侏罗系和白垩系发生褶皱和断裂，伴以多次强烈中酸性岩浆活动，广西山字型的形态更趋复杂化（图7-5）。

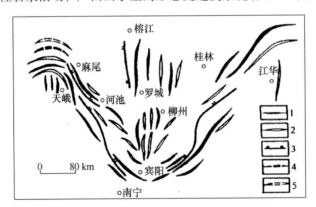

图7-5　印支期广西山字型构造体系图（据梁觉，1985）

1—背斜；2—向斜；3—断裂；4—推测背斜；5—推测向斜

3. 广西山字型的控矿作用

广西山字型构造体系前弧外带，主要由复背斜和冲断层构成，挤压作用和岩浆活动强烈，地表或深部零星分布广西期、燕山期酸性、中酸性侵入岩体及煌斑岩脉群，控制了钨、锡、铜、铅、锌矿床的形成。前弧内带主要由复向斜和冲断层构成，挤压亦很剧烈，但构造规模较小，岩浆活动微弱，主要控制晚二叠世煤田的分布。

广西山字型脊柱北段，受古北北东向构造的强烈影响和改造，地质构造十分复杂，岩浆活动频繁而又剧烈。九万大山、摩天岭、元宝山及泗顶复背斜的轴部或其附近，分布诸多钨、锡、铜、铅、锌矿床或矿点，是广西多金属矿的重要成矿区之一。

7.1.5 华南山字型构造体系

中国大陆南部沿海的浙、闽、粤及桂南地区，广泛发育着一系列北东—北东东向中生代构造岩浆带和构造动力变质带，而西南部的藏东南和滇西、滇南地区，则发育着一系列北北西—北西西向中生代—新生代构造岩浆活动带、构造动力变质带，这已为人们所熟知，但以往多被视为两个互相独立的地质构造单元。自20世纪70年代后期，一部分地学工作者才注意到它们之间可能的成生联系。亚洲地质图编图组（1987）、刘波（1979）、赵剑畏（1979）等，相继提出这是一个山字型前弧两翼的组成成分，分别称为华南陆缘山字型或华南山字型，并对这一构造形式的展布范围、基本特征、形成演化进行了初议。我们在以往工作的基础上，综合分析了区域内最新地质成果后，确信在中国大陆南部存在一个巨型山字型构造，它波及到华南、西南和华东南诸省区，故可称华南山字型（图7-6）。

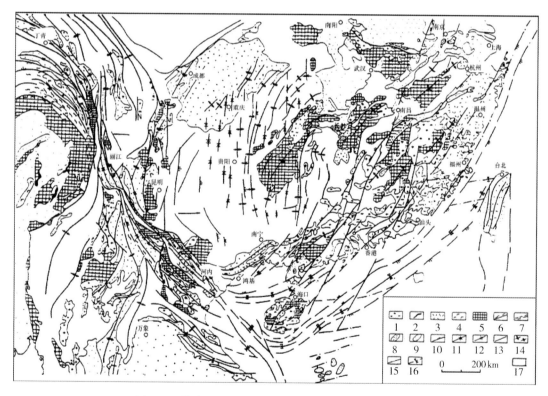

图7-6　华南山字型构造体系图（据赵剑畏、王冶顺等）

1—中酸性侵入岩；2—超基性侵入岩；3—燕山期中酸性喷出岩；4—喜马拉雅基性喷出岩；

5—吕梁—加里东期变质岩块；6—构造动力变质岩带；7—片理带；8—燕山期—喜马拉雅早期槽（盆）地；

9—晚新生代槽地；10—压性、压扭性断裂带；11—向斜；12—背斜；13—其他体系断裂带；

14—其他体系复背斜、向斜带；15—隐伏断裂；16—隐伏坳陷带；17—古生界和三叠系展布区

（1）华南山字型的基本轮廓：该山字型的主体展布于秦岭以南的广大地区：西起念青唐古拉山，东到东海、华南沿海及台湾海峡，南达越南中北部和西沙、东沙群岛一带，波及范围达 $3 \times 10^6 \mathrm{km}^2$。

（2）前弧西翼及反射弧：其主体发育在怒江、澜沧江流域的伯舒拉岭、怒山、云岭、高黎贡山和红河流域、无量山及其以南地区，向东南出现于越南拾宋早再山与老挝富科特山及长山山脉北侧。它主要由中生代以来形成的一系列北北西—北西向褶断带、岩浆岩带、构造动力变质带所组成，常与三江南北向构造体系、青藏川滇反 S 型构造体系斜接或重接复合，在三江南北向带中零星分布，但越过南北向带和反 S 型构造的主带后，清楚地显示了自身特征。西北与念青唐古拉弧型带相连，组成以念青唐古拉—伯舒拉岭复向斜为主体的变形变质带、中酸性岩浆岩带构成西翼反射弧的主体。该反射弧可分为北、中、南三带。北带分别以纳木错—仲巴断裂带、独龙江断裂带和边坝—洛隆—八宿断裂带为其南北边界断裂，其间有燕山期中酸性岩浆岩带呈狭长条带状侵入，并随弧型褶皱带弯转；中带为当雄—波密断隆带，其轴部被晚燕山期—喜马拉雅期的林周—工布江达、波密—竹瓦根、仲巴—白学等弧型花岗岩、花岗闪长岩带所占据，组成中部弧型构造岩浆变形变质带；南带在雅鲁藏布江大拐弯地区，为一套时代不明的混合岩、深变质岩，以强烈的构造动力变质作用和中酸性侵入活动为主要特征，组成一弧形变质—混合岩带。这三个构造岩浆变形变质带均呈北突弧形，主要断裂呈北盘两端相背扭动，南侧相向搬动的压扭性，过怒江断裂带断续向东南延伸至维西，中酸性岩浆侵入活动渐弱。

华南山字型西翼主要坳褶带为兰坪—绿春中生代盆地。西翼的主要断隆带为哀牢山—点苍山断隆带和拾宋早再山断隆带。

（3）前弧东翼：展现于我国东南沿海及海域，北起南黄海，经浙、闽、粤至桂南和海南岛与弧顶相连，构造带、岩浆岩带、动力变质带则沿北北东—北东—北东东方向展现。

（4）前弧弧顶：主要展现于广西南部、海南和越南北部。大体可分内、中、外 3 个南突的弧型构造带。自北而南分别为十万大山—鸿基—河内弧、云开大山—白龙尾—拾宋早再山隆断带、桑怒—河静—海南岛构造岩浆带，以及富科特—洞海—海南陆架构造波及带。

内带：位于广西十万大山与钦州湾间经鸿基、河北北侧和太原、沾化之间。

中带：主体为云开大山—白龙尾岛—拾宋早再山断隆带，出露地层主要为下古生界和新元古界变质岩系。

外带：因受北西向断裂穿切，显得不连续，主要为老挝桑怒—比龙山褶断带、侏罗纪—白垩纪火山岩带、燕山期侵入岩带。

（5）脊柱：在华南陆缘弧型构造带的内侧，发育有一系列走向南北的褶断带，其中展现于东经 $105° \sim 113°$ 左右的南北向构造带终止于弧顶内侧，未穿越前弧，向北多终止于北纬 $30°$ 附近。

7.2 欧亚山字型构造体系

欧亚山字型基本特征，李四光教授在《地质力学概论》中已有论述。它横跨欧洲大陆东

北部和亚洲大陆西北部，位于东经 8°00′～99°00′，北纬 35°00′～70°00′，东西长约
5000km，南北宽约 3700km，为迄今所知地壳上最大的山字型（图 7-7）。

　　欧亚山字型的前弧为一横亘东西、向南凸出的弧型构造带，弧顶在卡拉库姆沙漠南面
的阿什哈巴德至马什哈德一带，即科彼特山脉褶皱带。前弧西翼呈北西向，越过里海直抵
黑海以北，包括厄尔布尔士山脉、高加索山脉及喀尔巴阡山脉褶皱带。由于受到其他构造
体系的强烈干扰，西翼反射弧踪迹不明。前弧东翼呈北东向，经哈萨克斯坦与阿富汗等国
边境区，直抵中国塔里木盆地西北缘—西南天山—准噶尔盆地西北缘与啥萨克丘陵—土兰
平原东南缘间的山地，在准噶尔西北部，逐渐转呈东西向以至南东向，半绕准噶尔北部，
沿阿尔泰山形成向北凸出的阿尔泰山弧型褶皱带，即东翼反射弧，然后与蒙古弧西翼及北
西向构造带斜接 - 重接复合。欧亚山字型的脊柱是展布于前弧北侧的乌拉尔山脉褶皱带，
由一系列南北向的紧闭型褶皱及冲断层构成，基性、超基性岩及中酸性岩带亦呈南北向排
布。它的盾地中部是卡拉库姆沙漠，西部是俄罗斯台地，东部是西伯利亚台地。现就展现
于中国境内的部分加以简介。

　　欧亚山字型东翼及其反射弧，展布于中国塔里木—准噶尔地块的西北边缘和哈萨克丘
陵—土兰平原东南边缘间的山地地区，总体呈北东向多字型构造带；向东北沿准噶尔盆地
北缘和东北缘呈弧形展布，构成其东翼反射弧。由于天山—阴山东西向带和昆仑—秦岭东
西向带的反接 - 斜接复合，使欧亚山字型东翼显得不连续，而在反射弧东翼因其与阿尔泰
北西构造带重接复合，显得反射弧东翼强大西翼较弱，但它们半围绕准噶尔盆地北部，仍
显得连续而清晰，物探重磁资料也表现为连续弧形异常带。从塔里木—准噶尔地块西北缘
的建造资料看，该山字型东翼主要是海西期次活动型沉积建造，沿塔尔巴哈台—荒草坡和
玛依勒—乃明水弧型构造带内，已出现的下古生界的奥陶系为蛇绿岩建造及角斑岩、硅质
泥岩建造，有枕状玄武岩和浊流沉积，中下志留统以火山质及硬砂质复理石建造为特征，
也有蛇绿混杂岩发育；在塔里木地块西北侧的阿赖山—迈丹—阔库拉（阔克沙勒岭）一带，
下古生界仅见志留系上统杂色火山岩建造，在东阿赖山有中元古界长城系石英岩、千枚岩
等浅变质岩系。上古生界，在阿赖山—阔库拉一带泥盆系为变质碎屑岩、硅质岩夹中基性
火山岩建造，石炭系、二叠系以浅海相碳酸盐岩、陆源碎屑岩和复理石建造为主，下二叠
统中、上部为陆相中酸性火山岩、凝灰岩、凝灰砂岩，总体为活动型—次活动型沉积建
造，早二叠世末发生强烈变形，形成北东走向的线型紧密褶皱，向东南倒转，形成叠瓦状
推覆构造带，并有晚海西期花岗岩类侵入；在其东北段和准噶尔盆地北缘，即塔尔巴哈
台—荒草坡和玛依勒—乃明水弧型带内，泥盆系、石炭系广泛出露，以浅海相碎屑岩为
主，夹中基性、中酸性火山岩、火山碎屑岩，二叠系主要出露于山间坳陷的边缘地带，为
陆相湖盆沉积和火山碎屑沉积，它于晚石炭世末最终结束其活动型发展历史，比西南段略
早，形成紧密线型褶皱，向准噶尔盆地内推覆亦形成叠瓦状构造，沿这个弧型构造带花岗
岩类较发育，海西中晚期的花岗岩呈大型岩基及岩枝状，沿着复背斜轴部断续出露，成带
分布，从岩浆演化来看，海西中期以石英闪长岩—斜长花岗岩—花岗闪长岩—黑云母花岗
岩类的连续演化系列为特征，为典型造山期花岗岩，海西晚期碱度增高成为钠铁闪石花岗
岩，为造山期后碱性岩。物探资料表明，这一带在布格重力异常的五次趋势面剩余值图上

为 0～30mgL 的负剩余异常值，显示地壳密度较小，标志着本构造带存在一定厚度的硅铝壳层基底。

与北东向及准噶尔弧型构造带相伴而发育的主要断裂带，西南段有乌恰断裂、迈丹河断裂，东北段有巴尔鲁克断裂、达尔布特断裂和克—乌断裂，弧形东翼有恰乌卡尔—托让格库都克断裂、钠尔曼得断裂、可可托海—卡拉先格尔断裂等。其中乌恰断裂被认为是超岩石圈断裂，它是分隔塔里木地块与西北边缘活动带界限的压性断裂带，是自古生代以来长期活动的断裂带，分布有晚古生代花岗岩、蛇绿岩。该断裂向东北过库尔勒深断裂插入天山东西向带边缘，向西南转为南西西向延至阿赖山地区。准噶尔西缘的克—乌断裂亦为超岩石圈断裂，沿准噶尔盆地西缘分布，属隐伏断裂带，已为物探、钻探所证实，是分隔盆地稳定区与山区活动区的边界断裂带，其旁侧与之平行的达尔布特断裂、巴尔努力克断裂均属高角度压扭性逆冲断裂。沿断裂带的构造动力变质带宽达 4km，并有蛇绿岩、蛇绿混杂岩等呈断片状沿断裂带分布，主要形成于晚海西期，中生代表现为向盆内推覆，形成叠瓦状构造，新生代仍有活动，沿该带曾先后有 5 次左右地震发生。值得指出的是，克—乌断裂从克拉玛依向东北渐转东西向与恰乌卡尔—托让格库都克断裂或钠尔曼得岩石圈断裂带相接，构成准噶尔地块北突的弧型断裂带，为分隔盆内古生代稳定区与北部活动区的界限。这个弧型带在重、磁物探资料上都有清楚反映，它没有越过北东侧的额尔齐斯深断裂带。

上述资料表明：欧亚山字型东翼主要成形于海西期，准噶尔弧是其东翼反射弧的内弧，这与其西延部分及西翼有一致性，它的脊柱是重接在加里东期南北向带上的晚海西期乌拉尔南北向构造带。

7.3 俄罗斯西伯利亚南部伊尔库次克山字型构造体系

伊尔库次克山字型为李四光教授于 1929 年所厘定。该山字型位于俄罗斯西伯利亚南部伊尔库次克周围地区，东经 90°00′～116°00′，北纬 52°00′～62°00′，东西长约 1600km，南北宽约 1000km，属巨型山字型构造体系（图 7-7）。

伊尔库次克山字型的前弧展布于萨彦岭和贝加尔湖等地，为一横亘东西但向南东凸出的 V 字型构造带，通称萨彦岭—贝加尔弧。前弧弧顶位于伊尔库次克附近的太古宇展布区，由一系列弧形或东西向的褶皱及冲断层构成，即哈马尔山褶皱带，贝加尔湖西南角亦呈弧形延伸。前弧西翼伸驰于伊尔库次克与克拉斯诺亚尔斯克之间的太古宇、元古宇、古生界及中生界，由一系列北西向的紧闭型褶皱及冲断层构成，贝加尔期（吕梁期）花岗岩体及加里东期花岗闪长岩体亦呈北西向排布，即东萨彦岭褶皱带。延至克拉斯诺亚尔斯克附近，逐渐转呈北西西向、东西向以至南西向，形成向北凸出的西翼反射弧，即西萨彦岭褶皱带，弧顶在克拉斯诺亚尔斯克之南，即北纬 55°00′附近。

前弧东翼伸驰于伊尔库次克与博代博之间的太古宇、元古宇及古生界，由一系列北北东向的紧闭型褶皱及冲断层构成，贝加尔期及加里东期花岗岩体亦呈北北东向排布，即外贝加尔褶皱带，贝加尔湖亦呈同向伸展。延至博代博附近，逐渐转呈北东东向、东西向乃至南东向，形成向北凸出的东翼反射弧，即维季姆高原褶皱带。弧顶在博代博之北，即北纬62°00′，比西翼反射弧弧顶偏北7°。伊尔库次克山字型构造体系的脊柱展布于前弧北侧的勃腊茨克、乌斯季库特至日加洛沃一带，在几乎平伏的下古生界的共同基底上，出现诸多褶幅巨大（达800km）、范围宽广（长轴达200km）的南北向的隆起，以及同向挤压带和冲断层，并伴有东西向的张性断层和北西向、北东向的两组共轭扭性断层。奥卡河、安加拉河及勒拿河的上游亦呈南北向。脊柱中线不是位于前弧两翼夹角的等分线上，而是略向东偏，脊柱前峰向南延至前弧弧顶内侧渐趋消失。

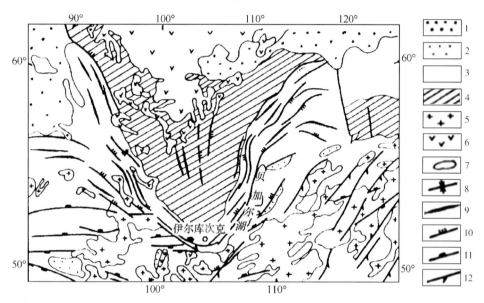

图7-7　伊尔库次克山字型构造图（据五洲构造纲要略图改编，1996）

1—新生代盆地；2—中新生代盆地；3—古生界；4—古老地块；5—中酸性侵入岩；6—基性岩；

7—地质界线；8~10—山字型构造成分（8—复向斜；9—褶皱轴；10—主要断裂）；

11—东西向构造带主要断裂；12—北北东向系主要断裂

伊尔库次克山字型的盾地展布于前弧与脊柱之间的泰谢特、切烈牧霍、安加尔斯克至塔拉索沃的古生界及中生界露布区，为一向南凸出的马蹄形地区。盾地西部膨大，发育一系列北西向的穹窿和盆地。盾地东部狭小，发育一系列北北东向的短轴褶曲。

伊尔库次克山字型的最大特点是不对称性。如前所述，前弧弧顶不是向南凸出，而是呈尖锐的V字形，脊柱中心线不是位于前弧两翼夹角的等分线上，而是略向东偏；前弧东翼翼角较小，构造线呈北北东向，前弧西翼翼角较大，构造线呈北西向；盾地西部膨大，东部狭小，从而使总体呈向西部偏斜之状。

伊尔库次克山字型早在元古宙末的贝加尔运动已经基本成型，至志留纪的加里东运动和相互穿插的方式，也就反映平板梁中曾经发生过的主应力轨迹网的形状。平板梁和它底下的岩层（可能是所谓的基层，也可能比所谓的基层更深）固着较紧的处所，一般是和反射弧凹面比较稳定地区的基底相符合的。

山字型构造的深度，现在还不能一概确定。但一般地说，规模较小的山字型构造所影响的岩层厚度较小；规模越大的，它所影响的岩层厚度越大。现在还没有发现小型的和小中型的构造体系属于这一类型。就已经发现的山字型构造来看，其中最小的，从一个反射弧的末端到另一反射弧的末端，长达三十多千米；从最外一道前弧的顶点到脊柱离前弧最远一点的距离，达二十多千米。至于这一类型构造的规模，最大的达到什么程度，现在还不能确定。

7.4　土耳其脱利山字型构造体系

　　该构造体系位于亚洲大陆的中南部，一个巨型的弧型构造，它的东翼包括兴都库什山脉的东北一段、苏来曼和吉尔达尔诸山脉，在这一段落的褶皱，不是正规地由东北向西南伸展，其原因显然是由于它遭受了东西向强烈挤压，以致在苏来曼和吉尔达尔之间产生了一个异乎寻常的袋状褶皱地区。但是当我们把形成这些山脉的褶皱联系起来，特别是和它们相伴随的、散布在它们以西的那些褶皱带总合起来的时候，就不难看出，它们总的延伸方向是由东北向西南的，并且不到梅克兰地区，它们已经向西弯转，在梅克兰海岸以南大约96km的海底，还存在着走向东西的山脉。再往西北走，这些被切断而沉没到海底的弧形顶部褶皱，在阿曼湾和波斯湾的东岸又出现了，成为扎格罗斯山脉亦即伊朗山脉的主脉。这些山脉的西北延伸部分，逐渐往西弯曲插入土耳其的东部，亦即克尔迪斯坦地区与土耳其的所谓伊朗构造带相连接而形成一个反射弧。在这个东翼受过挤压、弧顶部分遭受了破坏的弧型褶带以北，还有一个南北延伸的隆起山陵地带，它和前述弧型褶带配合起来，恰好与一个山字型构造的脊柱的地位相当。但按地形图判断，这个脊柱似乎不是由单纯走向南北的褶皱，而是部分地由一群雁行排列的褶皱组成的。这一群雁行排列褶皱显示在这个褶皱带以东的地区(即阿富汗伸路支盾地)对于在它以西的地区(即伊朗盾地)往南扭动的倾向。渐新世的地层都卷入了这一山字型构造，渐新世以后，这一构造系统是否还继续活动，目前尚未获得确实的资料来加以肯定或否定(图7-8)。

　　一个山字型构造的典型例子出现在土耳其。它的前弧构成托罗斯弧型山脉，它的脊柱与阿纳脱里亚中部的褶皱山脉地带相当，安卡拉位于这个褶皱隆起带的西边。这个隆起褶带包含着许多复杂的构造成分，其中重要的一部分是：①走向东北—西南的褶皱；②走向南北的褶皱和其他形式的挤压带。极需注意的事实是，这个复杂的楔状褶皱隆起带伸展的方向是由北而南的，并且越往南伸越有变窄的趋势，离前弧顶部还有相当大的距离就完全尖灭了。脊柱北部的走向东北的褶皱，越往东北伸展，越有向东转折的趋势。很可能，这些弯曲的褶皱是在这个山字型构造以西的另一个山字型构造东翼的一部分。这个脱利—阿纳脱里亚山字型构造，大约在第三纪初期已经开始成长，到阿尔卑斯运动时期基本完成。

　　前述脱利—阿纳脱里亚山字型构造以西可能存在另一个山字型构造的前弧，一般称为赫伦弧。前已提过，它的东翼的最东部分，很可能与脱利—阿纳脱里亚山字型构造的北部复合；它的东翼的西南部分，可能俯伏在脱利—阿纳脱里亚山字型构造的马蹄形盾地的西部。再往西南，经过罗兹岛和卡索斯岛的南部达到克里特岛而形成前弧的顶部。它的西翼掠过希腊的西部，形成爱奥尼亚和品都斯等褶皱带。再往西北，进入阿尔巴尼亚，还可能达到南斯拉夫的西南滨海地区以及达耳马戚亚群岛的南部列岛。在那里，那些列岛排列的形式显现反射弧的模样。它的脊柱应该在基克拉迪群岛所呈现的棋盘格式构造的地区，在纳克索斯岛的经度左右最为发育，但大部分被海水淹没了，只剩下在希沃斯岛上出现的走向南北的挤压带。

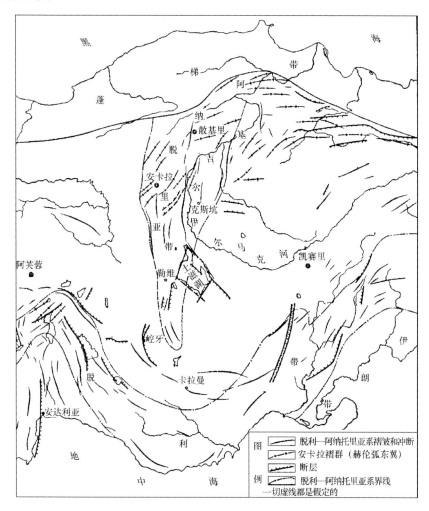

图7-8　土耳其脱利(托罗斯)—阿纳脱里亚山字型构造

(根据土耳其地质矿产查勘研究所刊行的八十万分之一

的土耳其地质构造图编制，本图比例尺约为1:5 500 000)

7.5　法国加多姆山字型构造体系

该构造体系位于法国中南部，以晚古生代以来已有的弧型构造成长起来，总称为加多姆褶皱带。它的东翼反射弧与侏罗山脉走向大致平行。它的前部和它的两翼的前段，构成所谓中央高原的东、南、西三面弧型褶皱地带。它的西翼后段，由侏罗纪和白垩纪岩层成带状分布反映出来，西翼的这一段，掠过散通日地区的东部，由北北西的方向逐渐向西北弯曲而进入阿尔摩利加古褶皱地块的南端，在那里也略成反射弧的形状。在这个弧形的顶点以北中央高原的中间地带，有一向南北伸展的地带被早第三纪岩层所覆盖，隐示着在这一南北延伸的陷落地带以西（奥维尔尼山脉）可能远在第三纪以前曾经受过东西向的挤压。往北去，越过卢瓦尔河，又有南北延长的古老岩层在摩尔番地带从中央盆地中突起。这一南北向的构造，是否也代表法国中南部山字型构造脊柱的一部分，还有待研究。

7.6 英格兰山字型构造体系

在英格兰的中部和北部出现的山字型构造，主要是海西运动的产物。它的西翼反射弧位置在北威尔士地区，环绕着朗哥伦旋卷构造。它的西翼位于英格兰和威尔士之间，它的弧顶和东翼埋没在侏罗系及其以上的岩层下。据古地理研究和物探的结果，它的东翼绕过牛津郡而达到沃希海湾附近。它的脊柱就是所谓英格兰背脊的奔宁山脉。构成这一山字型构造前弧的褶带，虽然由于遭受了破坏而且部分被埋没在新岩层之下，因而在地面上看来并不太清楚，但是在它的前弧和脊柱之间的马蹄形盆地上所沉积的三叠纪红层的界线，却对前弧凹面的界限和脊柱的范围表示得非常清楚。英格兰的所谓中原地区，正处在弧顶的后面和脊柱南端之间。这个山字型构造虽然在晚古生代已经基本完成，但在侏罗纪以后白垩纪以前似乎还有继续活动的模样，因为构成它的东翼的潜伏在地下的褶皱影响了侏罗纪岩层。这个山字型构造东翼的构造轮廓，对英国的所谓埋藏煤田的分布范围，起着控制的作用。

7.7 北美洲山字型构造体系

该构造体系位于北美洲有一个规模宏大的古老山字型构造体系存在，这个古老山字型构造前弧的东翼和阿帕拉契亚山脉，以及这些山脉褶皱带的先行者阿帕拉契亚地槽是一致的。往东北方向，它伸展到新斯科夏和纽芬兰地区；往西南方向，经过一些局部的复杂曲折、断裂和新地层的掩盖，虽然情况不完全明了，但大体上它是逐渐弯转由西南而变为东西（在此可能和东西复杂构造带复合），又由东西而变为西北，再往西北就与古科迪勒拉褶皱带混在一起。在这个向南凸出的大弧型构造带的后面，没有地向斜也没有强烈的褶皱带，但有一个规模相当宏伟的幅度不大的穹窿带，这个穹窿带的轴线除局部略微有些弯曲以外，一般是走向南北的。阿·克茨早已指出了这一隆起带的存在，称之为北美的背脊。所有这些都是北美洲大陆上存在一个古老的、巨大的山字型构造体系的象征。它可能在加里东运动时期已经开始出现，在赫尔辛运动时期就完成了。

奇怪的是，这个山字型构造前弧的东翼，一到达大西洋西岸就忽然不见了，而在爱尔兰的北部、苏格兰的西北部、斯堪的纳维亚的西部又出现了加里东时期同一类型的强烈褶皱地带的破碎段落。

7.8　北美洲南部辛辛那提山字型构造体系

在北美的东南部，还有一个古老的山字型构造，它在晚石炭世已经完成。它的脊柱与所谓的辛辛那提轴相当，它的前弧东翼与阿帕拉契亚带的西南部蓝岭复合，西翼一部分为晚石炭世岩层所掩盖。

在北美西部还可能有一个山字型构造复合在科迪勒拉南北向巨大构造带之上。它大约是在勒巴达时期，即拉那密运动以前的时期成长起来的。它的前弧沿着"海岸山脉"展布，北起奥林匹亚穹窿的周围，南达洛杉矶以南。前弧的顶点在门德西诺角附近，它的两头都呈现着反射的形势。正对着前弧的顶点，在犹他州大盐湖附近褶皱轴向大致走向南北的地带以东，突然出现走向东西的、前寒武纪地层的隆起带，长达 240km 左右。它的北面是格临河盆地和瓦下基盆地，它的南面是尤英塔盆地，它向东伸展的部分似乎是被控那密隆起褶带和在西面伴随着这个隆起褶带的南北延伸盆地所遮断了。在东西向挤压这样强烈的地区，突然出现这样长的一条大背斜，其中并不见有东西挤压的显著迹象，是很难单从产生时代不同加以解释的。因此，不能排它是一个山字型构造脊柱的可能性，当然也不能排除它是东西复杂构造带的一个片段的可能性。

在中国以外，北半球其他地区，可能还存在着若干山字型构造体系，但尚未完全确定。例如在苏联境内，两个大构造区的基本轮廓，看来早已由一些互有联系的巨型和超巨型褶皱带和比较稳定的地块奠定了。其中一个构造区域是伊尔库次克围场和围绕围场东南西三面的古老褶皱山岭，以及在围场中部由北往南，局限于穿过结晶岩基底的挤压破碎和大断裂(压性)带。这一区域的构造轮廓，早在远古时代已经开始形成。另一个构造区域，横跨欧亚大陆，包括乌拉尔、俄罗斯地台以及它西南边缘的一些强烈褶带、西伯利亚地台以及在它东南边缘绵延的中亚诸山脉和一些强烈挤压带，这一构造区域的轮廓在古生代末期已经形成。但由于组成它们的各构造带的成生和活动时期问题，迄今未能全部解决，目前只好保留地把它们当作山字型构造体系看待(图 7-9)。

7.9　南美洲巴西山字型

巴西山字型或称安第斯山字型，是一个前弧向西突出的巨型山字型构造体系，它差不多占据了南美南纬 25°以北的整个地域。据宁崇质等研究，该山字型由单式和复式褶皱带、断裂带组成其前弧褶断带，展现于安第斯山脉北段，山势及东太平洋深海沟均作弧形展布。北翼反射弧被东西向构造带切断，南翼反射弧清楚，但有安第斯南北向带与之复合。亚马逊河东西向白垩纪—第三纪坳陷、马代拉河以东的东西向褶皱带是其脊柱，两侧的圭亚那地块、巴西地块是山字型的马蹄形盾地。从现有资料看，该山字型的主要形成期为白垩纪—第三纪，南美西海岸深海沟的出现，表明其挽近活动性是较为明显的。至于前白垩纪它是否存在，还有待进一步研究(图 7-10)。

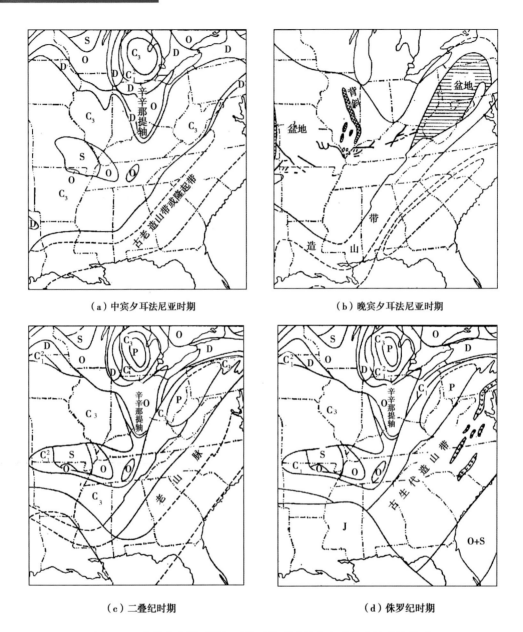

（a）中宾夕耳法尼亚时期　　　　　　　　　（b）晚宾夕耳法尼亚时期

（c）二叠纪时期　　　　　　　　　　　　　（d）侏罗纪时期

图7-9　北美东南部石炭纪时代开始形成的山字型构造轮廓及以后
它的局部政变（根据埃尔德列的北美古构造图修改）

O—奥陶系；S—志留系；D—泥盆系；C_1^2—密西西比群；C_3—宾夕耳法尼亚群；J—侏罗系；

布满交叉线的背斜群显示晚宾夕耳法尼亚时期山字型构造脊柱部分所在；粗线和造山带显示当时前弧所在；

V表示火成岩侵入体；锁链线表示州界

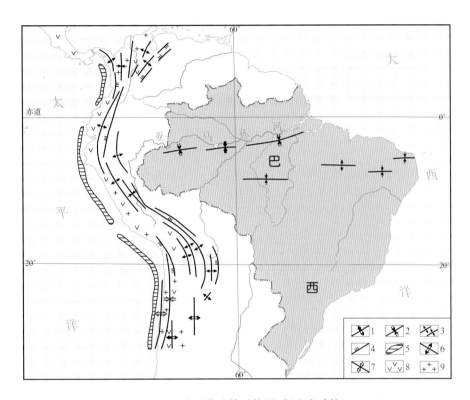

图7-10 巴西山字型构造体系简图（据宁崇质等，1995）

1~5—巴西山字型复背斜、复向斜、一般背向斜、挤压性断裂带、深海沟；

6、7—安第斯南北向带复式背斜、复式向斜；8—火山岩；9—中酸性侵入岩带

8 S型或反S型构造体系

S型构造，属旋扭构造体系的一种构造型式，是由李四光教授最早确定和命名的。因其空间展布形态略似中文"歹"字，这种型式的构造体系又称为歹字型构造体系，本书称S型或反S型构造体系。

这个类型的构造体系，一般规模都很大，其形态和组成成分都较为复杂，与其他构造体系的复合形式多种多样，相互干扰和利用的情况亦很常见。根据该构造体系的特点，一般将其分为头部、中部和尾部三个部分，但它们之间是彼此联系的整体，并没有任何界线可分。一般说来，它的头部是由一套曲度极为显著的弧形乃至钩状的强烈褶断带所组成；中部是由若干强烈的平行褶断带构成，一般情况下走向大致近于南北或北北西—南南东向，部分为略成弯曲的弧形地段，微向西或向东突出；尾部也是由强烈平行的褶皱带组成，一般亦呈现弯曲形状，不过其弯曲方向，恰好与头部方向相反。这样，头部、中部、尾部总合起来，就构成一个巨大的反S型构造体系。它与一般反S型构造的不同之点在于：它的头部，一般都显示强烈的旋扭现象，组成头部的一部分褶断带，往往曲度极大，而尾部的曲度，都较头部舒缓得多，头部外围褶断带可能是散漫而不连续的，因此，头部的外围可能出现几个不相连续、曲度不等的半环状旋扭构造。它的中部，一般与南北向构造体系重接或斜接复合，多数情况下，它的尾部往往由若干呈北西—南东到近东西向伸展的弧型褶皱带构成，在这些弧型褶皱带包围的中心常为稳定的地块，与头部相反，在构造上形成沉积坳陷或旋涡。

8.1 青藏缅反S型构造体系

这一类型的构造体系与普通反S型构造不同之处在于：①它的头部一般都显示强烈的旋扭现象，组成头部的一部分褶带，往往曲度极大，而它的尾部的曲度，却较头部舒缓得多；②头部的外围褶带可能是散漫不连续的，因此头部的外围可能出现几个不相连接的、曲度不等的半环状旋卷构造；③中部与南北褶皱带大致复合；④中部有时分为两支褶皱，其中夹一褶皱甚为微弱的地块；⑤尾部往往由若干大致向东西伸展的弧形裙带构成。

这一类型构造的头部褶带，往往环绕着由于水平扭动而隆起或沉降的地块。它的西南面一般都有沉降地带为海水所淹没，或者在这两面面临大海。

一个反S型构造的典型例子，出现于中国西部及东南亚面临印度洋的地带。这一反S型构造体系的头部影响我国青海、西藏东部、川藏间"横断山脉"地区、云南西北部以及缅甸北部和印度接壤地带。头部外围褶带散布在昆仑山以北，包括阿尔金山脉、祁连山西南接近柴达木盆地的部分、库库诺尔岭以及昆仑山脉往东南的转折部分。头部的主要组成部分，分布在昆仑山以南，包括可可西里、巴颜喀拉、唐古拉、念青唐古拉、冈底斯山脉东段、伯舒拉岭、帕特凯等山脉。这些复杂、巨大的弯曲褶带，一般褶皱幅度非常大，并有时有大型垂直断裂和横冲断裂伴随，它们大致成相似的弧形，在昌都、玉树地区弯转颇为显著，在帕特凯一带转折尤其剧烈。从云南西北境和缅甸北境往南，褶轴逐渐转向正南，成为这个反S型构造的中部，它从此分为东、西两支。东边一支的主干为金沙江与澜沧江之间的宁静山脉，它以东的沙鲁里山、大雪山以及它以南的无量山和哀牢山都属于这一支。这一支逐渐转向东南伸展，进入越南和老挝北部，直达海边。西边一支是主要的一支，它包括怒山、高黎贡山和其以西走向南北的诸山脉，直到缅甸西部的阿拉干山脉。这些南北向山脉都显示在挽近地质时代遭受过强烈的东西向挤压，同时也有与褶皱平行的大断裂，其性质尚待判明。更向南，它们之中有一条掠过泰国南部，一直达到马来半岛。这一支与东支之间，夹着科腊特高原，三叠纪和侏罗纪岩层平覆其上。

西边一支从阿拉干山脉南端入海，经过安达曼、尼科巴群岛达到苏门答腊和爪哇，形成这一反S型构造的尾部。这些弧形列岛的构造，很明显地反映强烈的侧面挤压。在苏门答腊岛和靠近它西南岸的一连串岛屿上，有两带由于拗褶而形成的隆起和大逆掩断层，走向与海岸平行。在该岛的中部和东南部，有第三纪以前和第三纪时期的帚状褶皱分布。它们还显示向西扭动的踪迹。在遍布火山岩的爪哇岛上，也有若干类似的巨型褶皱和帚状褶皱存在的迹象。

总的看来，由我国青海、青藏毗连地区、滇西、缅甸，直到苏门答腊、爪哇群岛这一反S型的巨大褶带，起源于何时，虽然现在还不能确定，但它们在第三纪的中叶，亦即喜马拉雅运动或阿尔卑斯运动的时期，达到了最高峰，是无可怀疑的；而且在第三纪中叶以后，这一造山运动并没有进入完全休止的状态(图8-1)。

8.2 中国境内反S型构造体系

8.2.1 青藏川反S型构造体系

该体系过去曾按它的展布地区，称为康藏反S型构造。它出现在我国西南部地区，向南或东南经东南亚至印度尼西亚西部。它的头部及其外围褶断带，散布在青海、甘肃、西藏和川西北高原；它的中部，通过藏东和川滇西部进入缅甸、泰国、老挝和越南的部分地区；它的尾部主要展布在东南亚地区。西边一支经由印尼安达曼、尼科巴群岛，向南至苏门答腊岛西段与大洋洲旋扭构造的一个旋回褶带—苏门答腊、爪哇带相衔接或重接复合在一起(图8-2)。

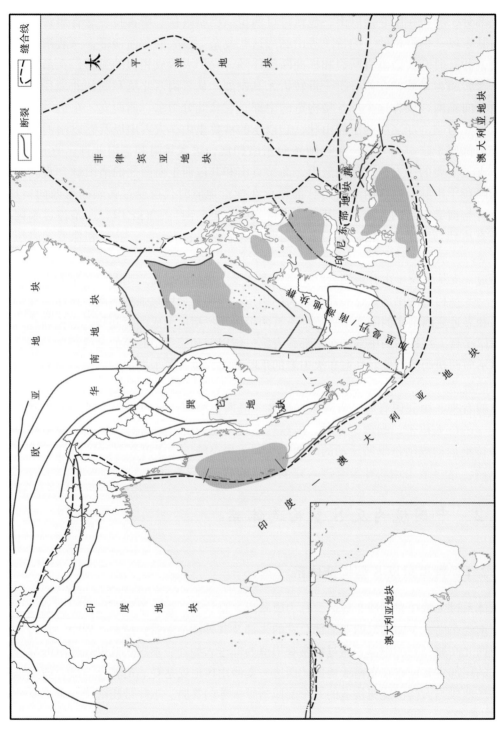

图8-1 青藏缅反S型构造体系简图

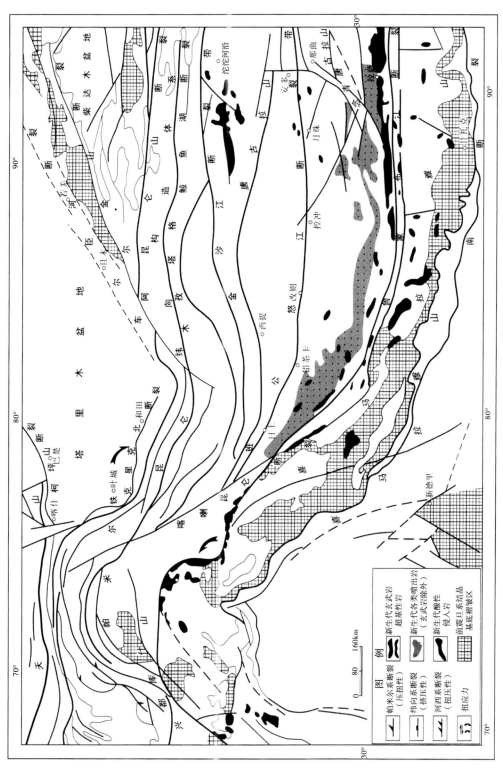

图8-2　中国西南地区青藏反S型构造体系展布略图

这一反 S 型构造的头部外围组成部分，主要散布在祁漫塔格—积石山(阿尼玛卿山)以北的青海、甘肃地区、阿尔金山、祁连山西南部、青海南山、索尔库里、祁漫塔格、积石山等山系及其相应的构造带。这些复杂、巨大的弯曲褶断带，一般褶皱幅度都很大，它们呈大体相似的弧形展布，其头部最外围，可能影响到祁连山北侧，以至河西走廊地带，西北缘可波及到塔里木盆地东南，往北明显被北山所阻挡。

阿尔金构造带，是一系列巨大的北东方向展布的压性、压扭性断裂及线状褶皱、沉积槽地、条带状侵入体或喷发岩等形成的独特而有规律的构造形迹组合。这一构造带在阿尔金山和北山地区表现尤为强烈，穿切力强，具左旋扭动的特点。该构造带的形成、发展复杂，经历了多期活化，主要形成和活化时间有：①中新元古代(周勇等，1999)；②古生代(张治洮等，1985)；③海西期(崔军文等，1999)；④海西期—印支期(黄汉纯等，1987；李海兵等，2001；张志诚等，2008)；⑤侏罗纪；刘永江等，2007)；⑥晚白垩世(刘永江等，2000；任收麦等，2004)；⑦由印度板块与欧亚板块碰撞而派生的，仅控制新生代地层的展布，形成于喜马拉雅期(Tapponrnner 等，1986；Caludemer 等，1989；Wang，1997；葛肖虹等，1998；Ritts 等，2000)。该构造带可划分为：阿尔金隆起、北民丰—瓦石峡断陷和车尔臣河断隆 3 个次级构造带。

塔里木盆地东南部断阶带，其构造属性受阿尔金断裂系及车尔臣河断裂系控制。延长达 1000km，宽 40～140km。可进一步划分出策勒凸起(Ⅳ$_1$)、民丰凹陷(Ⅳ$_2$)、且末凸起(Ⅳ$_3$)、瓦石峡凹陷(Ⅳ$_4$)及若羌东凸起(Ⅳ$_5$)5 个二级单元，其构造特征具有明显的左旋扭压性。该断阶区大部分缺失震旦系—三叠系，在凹陷内残留石炭系—二叠系及侏罗系，是塔里木盆地基底抬升最高的地区。尼雅 3 号背斜前震旦系出露地表，罗北 1 井 2229m 钻遇前震旦系，在民丰凹陷基底最大埋深 5000m。断阶带主要是受车尔臣河断裂系控制的大型剪切逆冲推覆构造带。构成断阶带的主体为前震旦系变质岩及其上覆的白垩系、古近系—新近系(侏罗系亦局限在山前地带)，前震旦系逆冲推覆在古城墟低隆起(古生界)上。该断阶区前侏罗纪演化历史不清，推测震旦纪时属塔东南、柴达木古陆的一部分，晚古生代西南部遭受海侵，发育厚度不大的石炭系—二叠系，在民丰凹陷内具有较好的成油地质条件。中生代—新生代以来，由于受阿尔金山系的控制，该断阶区转化为山前坳陷，发育侏罗系煤系及白垩系、古近系—新近系红色磨拉石充填，总厚度 4000～5000m，成为塔里木盆地的一部分。喜马拉雅旋回晚期，剪切、旋扭运动强烈。

8.2.2　胶西北 S 型构造

胶西北 S 型构造，主要发育于玲珑片麻状黑云母花岗岩和燕山早期郭家岭花岗闪长岩边缘和内部。玲珑花岗岩体本身呈 S 型展布，主要围岩为太古宇—古元古界胶东群、新元古界粉子山群和蓬莱群，在岩体东北部见白垩系不整合覆盖于两个岩体及 S 型断裂之上。这一 S 型构造最晚形成于侏罗纪末期是可以肯定的。该构造形式的主要构造形迹除花岗岩、花岗闪长岩体自身外，尚有 4 条呈 S 型展布的主要断裂带。它们对胶西北金矿的形成和分布起着重要的控制作用。现由西而东简介如下。

1. 三山岛断裂带

它是 S 型构造最西侧的旋回带，在三山岛海岸边可见宽 2km 的断裂矿化蚀变带，断裂带宽 30～200m，走向北 40°东，南东倾，倾角 35°～40°。它发育于玲珑片麻状黑云母花岗岩与胶东群接触带的花岗岩一侧，属左行压扭性断裂，向东北可能延至龙口一带呈北东东向展布，向西南可能被郯庐断裂所切，它的东南侧为第四纪 S 型凹槽，构成第三纪以来的向斜轴。

2. 焦家断裂带

断裂带长度大于 70km，宽 80～200m，中部走向北 25°～35°东，南段发育在胶东群中，走向北东东，北段切割玲珑花岗岩和上庄岩体，局部沿袭了岩体与围岩接触带，由北东渐转为近东西向，北倾，倾角 30°～40°，构成一自然弯曲的构造带。沿主断面有发育完整的连续分布的压扭性构造动力变质带，是本区控制金矿形成和分布的主要动力变质成矿带。

3. 玲珑—曾家洼 S 型断裂带

整个带长达 100km，倾向南或南东，倾角 31°～45°。中南段主体沿岩体与胶东群接带分布，在玲珑附近插入岩体中，呈北东—北东东向展布。它被北北东向系断裂带切割和燕山晚期花岗闪长岩侵位，其东延不明。断裂带中段曾家洼及其以南，主体呈北北东走向，南段转为北东东—东西向延伸，总体呈 S 型，它的北段显斜冲右行压扭性，中段显示左行压扭性。断裂带本身及其派生构造控制的含金石英脉产出特征表明，断裂形成时期与成矿时期的力学性质不一，先压扭变形，后张扭成矿，运动方向相反。

4. 艾山断裂带

该带为 S 型构造最东边的构造成分，沿郭家岭岩体南缘呈东西向分布，向西至艾山一带则成北东—北北东向南延，其间被北北东向断裂带左行错移，已追索到的长度达 30km。

这 4 条弧型断裂带自西而东断层间之距离以 14km、20km、24km 递增。前 3 条断裂带倾向相反，形成逆冲堑垒构造，倾角较缓，均属压扭性斜冲断裂带。它们是在 S 型岩体基础上出现的一完整的 S 型构造，可能是区内北东向构造与东西向构造复合作用的产物。

8.2.3　川东—黔北 S 型构造

该构造大致展现于华蓥山断裂带以东的川东褶皱带中，北抵秦岭南侧瞿塘峡一带，南达黔北大娄山、乌蒙山地区，由一系列早燕山期 S 型褶皱带组成。中段为隔档式褶皱群，西端撒开，在川东地区呈北东—北北东向展布，向东北渐转为北东东—近东西向多字形褶皱带，向西南至黔中隆起以北地区，由北东转为北东东向的多字型褶皱群组成，两端褶皱群自然弯转，背斜、向斜相间排列，偶有断裂带相伴出现。组成褶皱群的主要地层为古生界和三叠系、侏罗系，后期被北北东向新华系褶皱和川黔南北向褶皱带所反接－斜接或重接复合。因主要是以褶皱形式复合，故区内构造图案较为连续复杂。

该 S 型构造是秦岭和南岭两个东西向带北盘向东错移、南盘向西错移的产物，其形成时期与中国东部北东向系相一致，是北东向形成时期受东西向构造带限制和后期错移所致。这类构造形式，在华北山西陆台和东北大兴安岭构造带都有其表现。它们是北东向系发展中遇到强大的东西向构造带阻隔(不穿过秦岭、阴山等东西向带)和迁就所形成的。

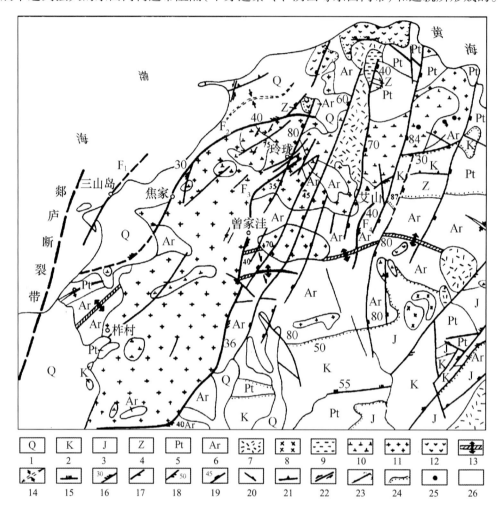

图 8-3　胶东西北部地质构造略图(据李士先等，1981)

1—第四系；2—白垩系；3—侏罗系；4—震旦系蓬莱群；5—新元古界粉子山群；
6—太古宇—古元古界胶东群；7—燕山晚期花岗闪长岩；8—燕山晚期霏细岩；9—燕山晚期石英闪长玢岩；
10—燕山早期花岗闪长岩(郭家岭花岗闪长岩)；11—印支晚期片麻状黑云母花岗岩(玲珑花岗岩)；
12—第三系—第四系玄武岩；13—栖霞复背斜轴；14—第三纪以来向斜轴；15—东西向压性断层；
16—S型构造压扭性断裂带；17—S型构造伴生压扭性断裂；18—北东向压扭性断裂；
19—北北东向压扭性断裂带；20—北北东向张扭性断裂；21—第三纪以来压性正断层；
22—第三纪以来扭裂；23—性质不明断裂；24—不整合界线；25—金矿床；
26—S型构造主干断裂编号

8.2.4　多拉纳萨依 S 型构造

该 S 型构造位于新疆哈巴河县多拉纳萨依金矿区。多拉纳萨依 S 型构造以具有两个砥柱区别于其他S型构造型式。对这个类型的旋扭的造型式以前曾称之为连环式旋扭构造或双核式旋扭构造，但因其旋回组合形态最常见的为S型、反S型或双曲线型，有时还见有涡轮状、莲花状等型式，故仍将其归入S型、反S型类。

其旋回带发育于泥盆纪浅变质岩系中。地层走向、褶皱、断裂及片理化带，均沿两个岩体间呈反S型分布，即它们以其西北侧和东南侧两个等轴形黑云母斜长花岗岩株为砥柱，外旋作逆时针方向旋扭所形成的双核式旋扭构造。

8.2.5　夏色岭反S型构造

该构造出现于浙江夏色岭地区，以旋扭核心处于反S型构造的中腰部为特征，而有别于其他S型、反S型构造型式。它的旋回带由一系列张扭性裂隙所组成，因这些张扭性旋回面都被钨矿脉所充填而形成夏色岭钨矿田。在地表它很像两个相背撒开、相向收敛而彼此联结的帚状构造型式。经勘探过程揭露，它们的裂隙及矿脉在下部是连结在一起的，是一个张扭性反S型构造，同时还探明了它的中腰地带深部有一较大的隐伏花岗岩体。从现有资料看，花岗岩体的侵入、反S型构造的成生与钨矿脉的贯入充填，均反映出本区曾发生过以岩体为中轴的顺时针方向水平旋扭运动，这种扭动作用与其两侧的北北东向的压扭性大断裂逆钟向的扭动相关。

8.2.6　恩口—斗笠S型构造

前述的S型、反S型旋扭构造型式，都是围绕直立轴，即水平而上旋扭的产物。恩口—斗笠山S型构造则反映垂向旋扭的S型构造型式，它在地表亦较为常见。这种类型的旋扭构造，正如李四光先生在论及石油地质中所指出的，是像扭麻花状或扭毛巾那样所产生时。这种旋扭构造最早是孙殿卿等在柴达木地区所发现的，称巴格雅乌汝S型构造。

恩口—斗笠山S型构造，展现于湖南中部，以恩口—斗笠山复式向斜为主体，总体呈北东向，两端向近东西向偏转，在平面上显示呈S型，但其两端褶皱的倒转方向相反，表现出明显的沿水平轴的垂向旋扭作用。区内分布的地层主要为石炭系、二叠系及中生界。复向斜由4个规模较大的褶皱和断裂组成，主要褶皱有恩口向斜、仁寿堂向斜、黄土岭背斜、麒麟山—甘溪冲向斜，还伴有一些压性、压扭性断裂，共同组成这一构造型式。它对区内煤层形成后期有明显的影响，对煤层的分布与煤质变化有显著的控制作用，即二叠系龙潭煤组的可采煤层的薄煤带均分布在S型构造弧形突出、曲率较大的部位，其中位于背斜、向斜倒转翼中的煤层破坏更为剧烈。在S型构造内，龙潭煤系的变质程度最高的部位也是在弧形最突出、曲率最大的地段。

另外，在云南鹅头厂亦可见及此类S型旋扭构造，云南鹅头厂铁矿床本身即是沿旋轴水平的S型背斜轴部分布的S型矿带。

8.3　北美洲西海岸反S型构造体系

在北美洲面临太平洋方面，也出现了一个规模巨大的S型构造。它的头部包括由强烈褶皱构成的阿拉斯加半岛、阿留申山脉、邱喀其山脉、阿拉斯加山脉、圣埃利亚斯山脉，还可能包括阿拉斯加北部的恩迪可特山脉以及加拿大北部的马更些山脉。它的中部包括由科迪勒拉地向斜转变过来的科迪勒拉山脉，东南到巴舒马。这一巨大而且具有复杂历史的山脉，分为两支褶皱带：西边一支即所谓海岸山脉，东边一支即落基山脉，这两个裙带之间夹着一个长形块状地带。这两个褶皱带和它们中间的地块，一直往南伸展，直到北纬31°左右，它们比较显著地向东南弯曲，而形成东西马德雷山脉。这些山脉应该是属于这个巨型反S型构造的尾部。再向南，就是南马德雷山脉，它向东弯曲的趋向更为明显。同一褶带穿过了危地马拉和洪都拉斯以后，就进入了加勒比海。牙买加、多米尼加、波多黎各诸岛，都属于这个反S型构造的尾部，它们的地位大致可以与前述面临印度洋的反S型构造的尾部爪哇群岛相比拟(图8-4)。

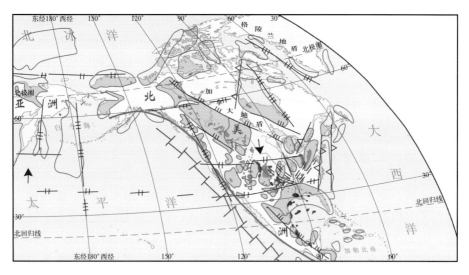

图8-4　北美洲西部反S型构造体系简图

8.4　南美洲西部S型构造体系

1. 构造特征

南美西部秘鲁、玻利维亚、智利、阿根廷，主体属安第斯造山带，该区自西向东分三个带：①弧前带：太平洋中的斜坡带和远滨带，北部夹有面积较大的大洋地块，该带中以发育一些盆地，如智利海域的阿劳科盆地、塔塔盆地和瓦尔迪维亚盆地。②火山岛弧：现在的山系，包括科迪勒拉山系和海岸附近的较低山脉，目前还存在活动的岛弧。火山岛弧带很宽，主要为晚中生代及新生代的岛弧火山—沉积岩，及新生代的陆相粗碎屑沉积，夹有较多的增生地块。③弧后带：包括东科迪勒拉山系等(图8-5)。

2. 盆地及沉积演化

南美南部沉积盆地演化历史长且复杂。自从早古生代在基础上活化后，盆地的地层及构造均复杂。它们具有很长的局限海历史，形成了很好的烃源岩和储集岩，有几个盆地具

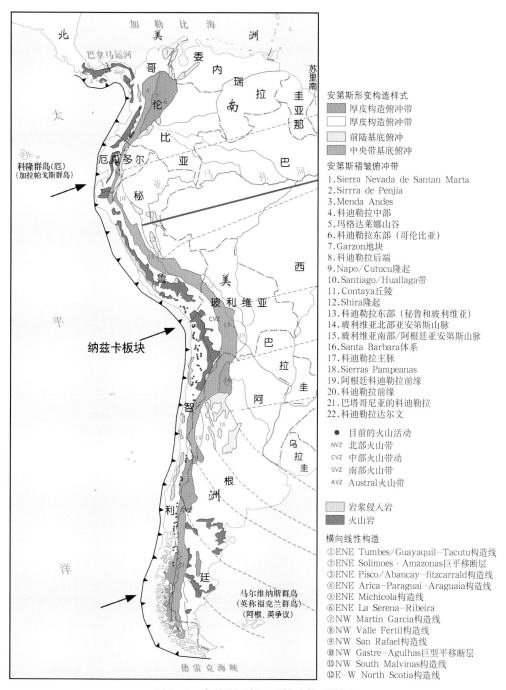

安第斯形变构造样式
- 厚皮构造俯冲带
- 厚皮构造俯冲带
- 前陆基底俯冲
- 中央带基底俯冲

安第斯褶皱俯冲带
1. Sierra Nevada de Santan Marta
2. Sirrra de Penjia
3. Menda Andes
4. 科迪勒拉中部
5. 玛格达莱娜山谷
6. 科迪勒拉东部（哥伦比亚）
7. Garzon地块
8. 科迪勒拉后端
9. Napo/Cutucu隆起
10. Santiago/Huallaga带
11. Contaya丘陵
12. Shira隆起
13. 科迪勒拉东部（秘鲁和玻利维亚）
14. 玻利维亚北部亚安第斯山脉
15. 玻利维亚南部/阿根廷亚安第斯山脉
16. Santa Barbara体系
17. 科迪勒拉主脉
18. Sierras Pampeanas
19. 阿根廷科迪勒拉前缘
20. 科迪勒拉前缘
21. 巴塔哥尼亚的科迪勒拉
22. 科迪勒拉达尔文

- ● 目前的火山活动
- NVZ 北部火山带
- CVZ 中部火山带动
- SVZ 南部火山带
- AVZ Austral火山带

- 岩浆侵入岩
- 火山岩

横向线性构造
①ENE Tumbes/Guayaquil–Tacutu构造线
②ENE Solimoes·Amazonas巨平移断层
③ENE Pisco/Abancay–fitzcarrald构造线
④ENE Arica–Paraguai–Araguaia构造线
⑤ENE Michicola构造线
⑥ENE La Serena–Ribeira
⑦NW Martin Garcia构造线
⑧NW Valle Fertil构造线
⑨NW San Rafael构造线
⑩NW Gastre–Agulhas巨型平移断层
⑪NW South Malvinas构造线
⑫E–W North Scotia构造线

图8-5 南美洲西部S型构造体系简图

很好的生油潜力。

其盆地演化可以分为两个明显的阶段：前安第斯阶段，晚白垩世之前，由于构造背景复杂，盆地类型多样；晚白垩世之后，主要在新生代，主要为前陆盆地性质。

从寒武纪—晚侏罗世，南美西部盆地及岛弧的走向都近于南北向。随后南北向的应力

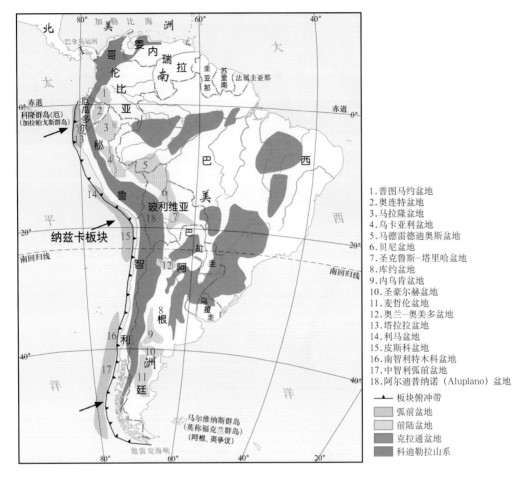

1. 普图马约盆地
2. 奥连特盆地
3. 马拉隆盆地
4. 乌卡亚利盆地
5. 马德雷德迪奥斯盆地
6. 贝尼盆地
7. 圣克鲁斯-塔里哈盆地
8. 库约盆地
9. 内乌肯盆地
10. 圣豪尔赫盆地
11. 麦哲伦盆地
12. 奥兰-奥美多盆地
13. 塔拉通盆地
14. 利马盆地
15. 皮斯科盆地
16. 南智利特木科盆地
17. 中智利弧前盆地
18. 阿尔迪普纳诺（Aluplano）盆地

▲ 板块俯冲带
弧前盆地
前陆盆地
克拉通盆地
科迪勒拉山系

图8-6 南美洲西部主要沉积盆地分布图

与冈瓦纳大陆的裂解有关，也与南大西洋的张开有关。共有多个盆地形成阶段（图8-6）。

（1）寒武纪—中泥盆世被动大陆边缘沉积盆地：沿着巴西、普纳和潘帕斯地盾区西缘出现的寒武纪—中泥盆世陆源碎屑岩、碳酸盐岩及侵入岩。

（2）石炭纪—中侏罗世陆内裂谷盆地：石炭纪—中侏罗世克拉通内部裂解的沉积作用主要是大陆起源的，海相碎屑岩主要集中在大陆西缘火山岛弧前缘的前陆盆地中。这一阶段一直到晚侏罗世冈瓦纳大陆裂解及大量岩浆侵入才终结。

（3）晚侏罗世断陷盆地：晚侏罗世的伸展作用是以大面积分布的海泛沉积作为标志的，碎屑岩、蒸发岩和酸性火山岩构成了与火山岛弧系统密切联系的安第斯前陆序列。在巴塔哥尼亚酸性火山岩覆盖了整个北巴塔哥尼亚地块和德塞阿多克拉通，以及一些更早的盆地。

（4）中晚白垩世断陷盆地：裂解之后，沿着大西洋的西缘形成了一个沉积柱。巨厚的页岩、灰岩、蒸发岩和火山碎屑岩与中晚白垩世火山弧及弧后背景有关。新长酸性侵入岩和安第斯岩基归于这个时期。

（5）晚白垩世—古近纪前陆盆地：晚白垩世—古近纪（拉腊米）是以安第斯褶皱带和逆

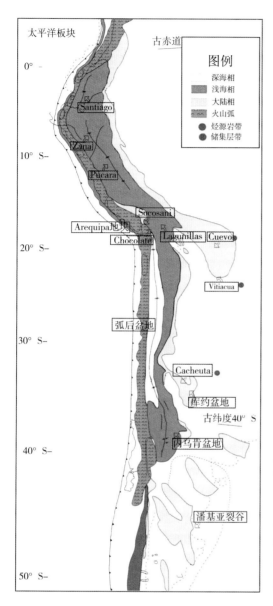

图 8-7 南美西部三叠纪—早侏罗世
古地理复原图(据 Pindell、Tabbutt,1994)

冲断裂带及安第斯岩基的最后就位作为标志的。一个弯曲的前陆盆地在安第斯的前缘形成了,被动大陆沉积主要分布在东缘。

(6)新近纪前陆盆地破坏及安第斯造山:新近纪是安第斯造山和被动大陆边缘下沉的阶段。逆冲断裂给前陆盆地提供了大量的物源。规模较小的海侵遍布巴塔哥尼亚和潘帕平原的大部分地区(图8-7)。

3. 侵入岩

南美西部安第斯地区发育大量的侵入岩,15%的地面被侵入岩覆盖,故人们常称安第斯山为岩浆山系。

一般认为,安第斯山系主要有花岗闪长岩、英云闪长岩、石英闪长岩和辉石闪长岩,花岗岩较少。这类岩石在南美西部组成一条长 1200km 的岩基。

该岩基北带,安第斯主体部分侵入岩年龄在 90~120Ma,相当于白垩纪中期。向西侵入岩年龄依次变小,由晚白垩世(76Ma)变至始新世及上新世(15~25Ma)。局部有后期侵入的岩体,年龄为 5~10Ma。该岩基南带,岩体年龄较大,安第斯带东缘年龄为晚侏罗世(149~157Ma),向透迁移年龄变至早白垩世(137~145Ma),西至岩基的西缘其年龄为 111~136Ma。后期岩浆侵入时间有晚白垩世(78~99Ma)、古新世(40~64Ma),但这段时期的岩体分布局限,穿插于晚侏罗世—早白垩世的岩体之中。该带东侧偶有新近纪(16~22Ma)的岩体侵入。

巴塔哥尼亚岩基各地岩性成分相似,主要显示钙碱性特征,为环太平洋造山的结果。

除了这类岩性之外,玻利维亚东科迪勒拉带中具有同造山的花岗岩,该区有不同时期花岗岩。二叠纪或更晚的花岗岩侵入到早生代沉积岩中,以酸性的花岗岩为主。

4. 火山岩

1)中生代火山岩

南美西部中生代火山岩主要为中性,属钙碱性,主要为安山岩、安山质熔结凝灰岩,秘鲁和智利安第斯带中分布很广。火山活动在智利具有明显的向东迁移的现象,部分地段主要为中性—酸性，如 22°~29°的火山岩主要为酸性，具有高 Rb/Sr 和 K/Rb 的特征，被认为是新生代"流纹岩组"的先驱，通常称为"先驱流纹岩组"（图 8-8）。

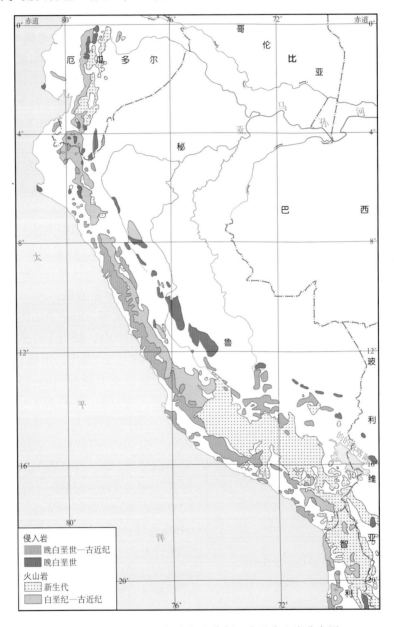

图 8-8 南美洲西北部中新生代侵入岩及火山岩分布图

2）新生代火山岩

新生代火山岩在安第斯地区非常发育。在东科迪勒拉，具 600 多个高 5000~6800m、高出高原 3500~4000m 的火山口，世界上最高和最大的火山都集中在这个地区。智利和阿根廷交界处的 Llullaillalo（6710m）和奥霍斯德尔萨拉多山（6880m）是世界上最高的两个火山。

新生代火山岩由两部分组成，早期的为流纹岩组，晚期的为安山岩组（图 8-8）。智利和玻维亚流纹岩组主要为流纹质熔结凝灰岩和流纹岩，未经历褶皱，地质时间为 7.1 ~ 24Ma。安山岩组岩性主要为石英粗安山岩、石英安粗岩、英安岩和石英安山岩。缺乏火山灰是安第斯地区新生代火山岩的一个重要特征。

8.5 非洲西部 S 型构造体系

该体系呈 S 形分布于非洲西部广大地区，由加蓬盆地、宽扎盆地及奥兰治盆地组成为 S 型构造体。

1. 布格重力异常特征

布格重力异常是对重力观测值经过地形校正、布格校正(高度校正与中间层校正)和正常场校正(纬度校正)后获得的重力异常，对自由空间重力异常采用地形校正和中间层校正之后也可以得到布格重力异常(图 8-9)。

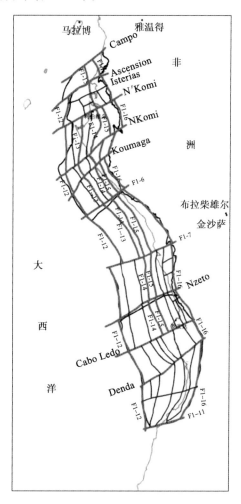

图 8-9　布格重力异常图(单位：mGal)

研究区布格重力异常由陆向海逐渐增大，陆地地区布格重力异常值低，海区布格重力异常值高，盆地区为过渡区。布格重力异常整体走向为北西向、近南北向和北东向。布格重力异常主要是由于地壳厚度变化引起的，在陆地区由于地幔下陷，地壳比较厚，布格重力异常值比较低；在海区地幔隆起，洋壳比较薄，布格重力异常值比较高；盆地区是一个过渡区。

由重点靶区布格重力异常分布可以看出，由陆向海，布格重力异常逐渐增大，这种区域性的重力异常变化是莫霍面的反映。

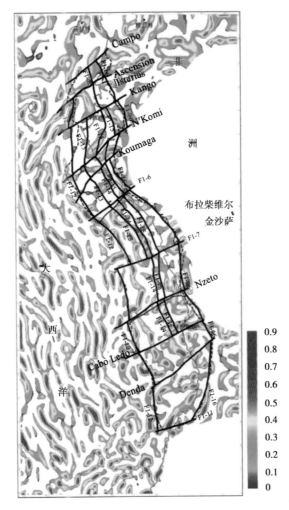

图 8-10　化极磁力异常图(单位：nT)

2. 断裂分布

研究表明，西非中南段含盐盆地地区断裂十分发育，主要是拉张和走滑断裂。通过研究断裂走向特征显示，西非中南段含盐盆地地区断裂主要有两个展布方向(北东—东西向断裂组、北北西—南北向断裂组)。

研究区内北北西—南北向断裂与海岸线及大西洋洋中脊方向近似平行，为拉张型断裂，推断是在大西洋洋中脊拉张过程中形成的断裂，在研究区内有 5 条，是控制隆坳格局的边界断裂。北东—东西向为走滑型断裂，与大西洋洋中脊错段走滑断层方向一致，研究区内分布 11 条延伸较长、规模较大的走滑断层，为控盆断裂或盆地内部主要分界断裂。

断裂的形成发展与构造运动、沉积环境、岩浆活动密切相关。不同时期的断裂控制了西非中南段含盐盆地的形成，并对盆地内部各凹陷、凸起的形成起主要控制作用。

研究区断裂划分出一级断裂 16 条，走向为北北西—南北向和北东—东西向（图 8-10）。二级断裂 30 条，走向以北北西向和北东东向为主，断裂呈现"东西拉张，北东走滑"的特征。

3. S 型盆地分布

S 型构造体系的主要构成之一，即中新生代盆地展布。

非洲西缘 S 型盆地分布系列，自北而南有：洛尔德盆地（北东）、塞内加尔盆地（南北）、斜纳克里盆地（北北西）、阿比让盆地（东西）、尼日尔三角洲盆地（北西西）、下刚果盆地（北北西)、宽扎盆地(南北)及奥兰治盆地(北西),组成一个S型盆地分布带(图8-11)。

总之,该构造体系特征十分明显,重力异常、数条不同级别的断裂系统及多个中新生代盆地等造就了非洲西缘地区构造特征十分显著的S型构造体系。

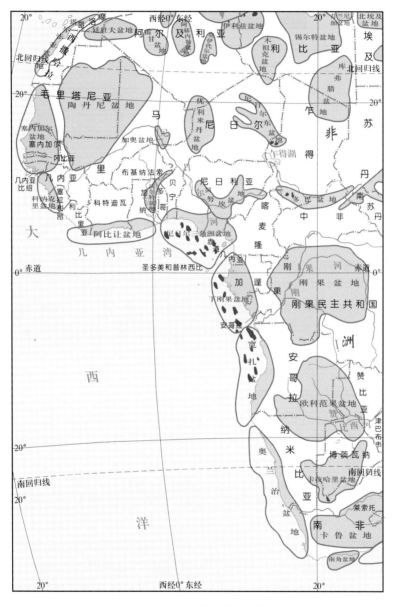

图8-11 非洲西部S型构造体系控制盆地分布图

9 旋扭构造体系

　　旋扭构造体系是在以一旋扭轴为中心所发动的旋扭运动而形成的旋扭轴有直立、倾斜和平卧3种，倾斜和平卧轴旋转扭动所产生的的旋扭构造体系多发生在褶皱运动了的地层间，且规模较小，只有在剖面上能观察到，地表不易看到。直立的旋扭轴较为常见，主要有3种型式：①发育较差的为帚状构造；②发育较好的为旋卷构造；③发育极好的为辐射同心圆状旋转构造。无论是哪种型式的构造体系，其共同特点是：①中心部分由圆筒形或半圆形的岩块或地块构成；②弧形扭性断裂发育，把中心部分的岩石划分为一系列弧形岩块；③这弧形扭裂面，无论是张扭还是压扭都围绕一个中心，呈同心圆展布；④发育极佳的旋扭构造体系，还伴有一系列辐射状扭裂面、构造发动带和岩块或地块，包括帚状、雁列、旋扭、放射状等构造体系。

　　帚状旋扭构造体系，一般由地表若干个一端收敛、另一端撒开的弧型构造形迹半环绕着砥柱或旋涡(旋扭核心)组成，形如扫帚而得名。它是一种发育较差但分布较广的旋扭构造型式，即初始旋扭阶段的产物，在平面上和剖面上都可经常见到，在地壳中广泛发育。

　　帚状构造的旋回面可以是压扭性的褶皱束或断裂带，也可以是张扭性的断裂带或岩脉群等。前者称压扭性帚状构造，后者称张扭性帚状构造。它的旋扭核心可以是凸起的岩块、地块或岩体，也可以是下陷的盆地、洼地或火山口、火山颈等。前者称砥柱，后者称旋涡。帚状构造的力学属性，主要是根据旋回面的力学性质和相对扭动方向而定的。但它们有着自身的规律性，即由张性、张扭性断裂、岩脉群组成的帚状构造，其内旋向撒开方向移动，外旋向收敛方向错移。由褶皱、挤压带或压扭性断裂组成的帚状构造，其内旋总是向收敛方向运动，外旋总是向着撒开方向移动，与张扭性帚状构造旋回面的运动方向恰好相反。简而言之，如果组成帚状构造的弧形结构面是张性、张扭性的，它们就标志着围绕着中心部分的岩石是撒开方向向收敛方向扭卷的，如果那些弧形结构面是压扭性的，那就标志着中心部分的岩石旋扭核心是由收敛方向向撒开方向扭转的(图9-1)。

　　帚状构造的实例甚多。一般所见大中型帚状构造其旋扭核心都是直立的或近直立的，它们反映所在地区的平面扭动作用，而一些旋轴近水平的帚状构造体系，则多是小型的。这可能是因其出露深度所限，一些大中型的旋轴水平的帚状构造不易见其全貌，或不易察觉，还需做详细的调查研究方能确定、推知，在一些大型远程推覆构造带中，可能会有这类旋扭构造存在。根据现有资料，我们对帚状构造体系仅能择其要者简介于后。

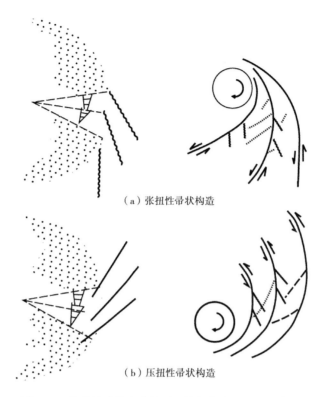

（a）张扭性帚状构造

（b）压扭性帚状构造

图 9-1　帚状构造的力学性质、旋扭方向及成因示意图

9.1　中国境内旋扭构造体系

9.1.1　陇西帚状构造体系

该体系展布于我国西北陕、甘、宁、青四省区的接壤地区，即贺兰山以西广义的陇西地区。它是中国境内较具规模的帚状构造，其主体呈北西西—南东向延伸的弧型旋回褶皱带，西起乌鞘岭、民和、河口一带，与祁吕贺兰山字型复合，向东南于宝鸡插入秦岭东西向带的北缘，构成三列向北西收敛、向东北突出、朝东南撒开的压扭性旋回褶带，它们半围绕着其西南部的民和—河口盆地，即旋扭核心为旋涡。其主要旋回褶带自北而南是古浪—同心旋回褶带、乌鞘岭—六盘山旋回褶带、永登—会宁旋回褶带。

1. 古浪—同心旋回褶带

该带为陇西帚状的外旋回褶带。西起古浪，向东经过长岭山、香山至同心附近，由东西向渐转南东向，在甘肃境内较为零星分布区域东西向构造的复合干扰，沿腾格里沙漠盆地南缘有零星显露，于古浪—裴家营—白墩子可见其踪迹，称长岭山北缘断裂带，东段在宁复境内显示较好。该带的主要组成成分有裴家营—长岭山复式背斜，小关山复式背斜及干塘—中卫山凹陷，清水河、同心、海原、固原断陷等中新生代盆地，及其南北两侧的压扭性断裂带(长岭山南缘断裂和长岭山北缘断裂)。断裂带为向东北突出的弧型断裂带，由一系列倾向北东，倾角15°~80°的斜冲断层所组成，切割最新地层为古近系—新近系，沿断裂带有宽度不等的构造岩带，它严格控制了中新生代陆相盆地的展布。其褶皱和冲断层总的表现为具顺时针向扭动。

2. 乌鞘岭—六盘山旋回褶带

该带是陇西系的主旋回褶带，表现最为明显而突出。此带为一个重力梯度带，说明其影响深度较大，西端在乌鞘岭以西插入祁吕贺兰山字型前弧西翼，向东由毛毛山—老虎山—屈吴山入宁夏，与西华山、南华山和六盘山褶皱山体连接，并有伴生断裂带。其两侧均为断裂带所限，中间为毛毛山—老虎山复背斜、西华山复背斜和六盘山复背斜，白垩系褶皱具右行雁列、显顺时针向扭动特点。南华山、西华山属带中的构造透镜体。该弧型褶带连续性帚状构造显示有两端收敛的某些形态特征。晚白垩世阶段两组扭裂转为压扭性，处于挤压抬升状态，故在凹陷带中普遍缺失王氏组，沉积了古近纪陆缘碎屑岩系(河湖相、湖相或河流相)。

3. 永登—会宁旋回褶带

该带自永登—天祝间的甘、青交界地带起，向东经华藏寺至白银厂一带显露良好，白银向东南为第四系所覆。从地貌上看它的北界可能沿皋兰地块东北缘经甘沟驿延至庄浪—张家川一线的西南侧，该带的南界大体在永登—皋兰盆地和会宁西南—川口镇一带，更东南在天水盆地西缘及华家岭一带亦有显示，总体看该带构造形迹连续性差，构造线断续斜列，往西北紧缩，向东南撒开，呈北北西—南东向，并呈朝北突出的弧形。断裂大多北倾，地貌特征明显，在甘露池—白银—会宁一带连续性较好，由数条断裂所组成，是分割中新元古界与靖远—静宁中新生代槽地的构造分界线，切割最新地层为第三系，沿断裂带普遍可见断层泥、构造透镜体、擦痕、擦面等，显顺时针方向扭动。在西巩驿、会宁及其东南一线有多处见旋扭痕迹。

9.1.2 冀鲁帚状构造体系

在华北平原区第四系之下隐伏着一个大型帚状构造体系，其主要旋回褶带有任丘坳陷、沧州隆起、黄骅坳陷、埕宁隆起、济阳坳陷等，它们向北东撒开，向西南收敛，其砥柱是鲁西隆起。该体系展布于秦岭东西向带以北地区，它是鲁西岩块与冀鲁平原区在喜马拉雅期相对旋扭运动的产物。组成一级旋回层的隆起、坳陷均呈向西北突出的弧形，大致环绕鲁西砥柱呈半圆环状分布，而一级隆起、坳陷带又由次一级凹陷、凸起及控制它们的弧型断裂组成。各级旋回层的地质特征有明显的规律性，即南北差别大而东西基本一致，旋回层中低级序扭动构造非常发育，控制凹陷的主要断裂一般为压扭性，具封闭性。因而冀中、黄骅、济阳3个弧型坳陷带(帚状构造的3个负向旋回层)，控制了华北平原中北部3个大型复式油气聚集带的形成和分布(图9-2)。

冀鲁帚状构造体系经过了两个阶段的发展。中生代末期形成外旋向收敛方向、内旋向撒开方向扭动的张扭性帚状构造体系，因而在坳陷旋回带中沉积了古近系(一些地段还可能有白垩系)，并遭受构造变形作用，而使新近系不整合于其上。新近纪以来因区域应力场发生了变化，形成外旋层向撒开方向、内旋层向收敛方向扭动的压扭性帚状构造体系，即现今的冀鲁帚状构造体系。由于新近纪以来，华北平原整体下降幅度大，新近系和第四系沉积厚度增大，如东营凹陷达 5500～6500m，古近系约 2500m，其他凹陷区新生界多在 3500m 以上。

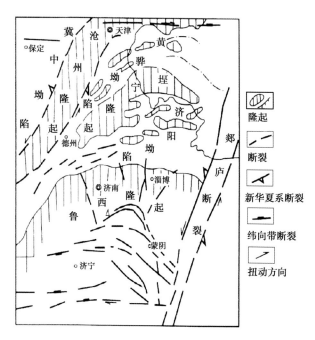

图 9-2　冀鲁帚状构造简图（据刘泽蓉，1981，简化）

通过石油部门对华北沉降区 9 个含油气盆地的剖析，冀鲁帚状构造体系各旋回带中广泛发育了不同规模、不同级序和不同应力作用方式的次级扭动构造体系，如帚状、入字型、多字型、棋盘格、环状、辐射状等旋扭构造型式，它们在空间分布上有一定规律，即邻近旋扭核心的内旋回层主要发育帚状、环状等中小型扭动构造型式，而相对远离旋扭核心的中、外旋回层主要发育多字型、入字型等扭动构造型式，其规模大小和级序相差悬殊，最大的次级扭动体系分布面积可达 220000km²，小的见于手标本上。

冀鲁帚状构造体系是在中生代末期形成的张扭性帚状构造体系的基础上，后经新生代晚期发生转化的应力方式的改造而成，与鲁西帚状构造体系具有同步发生发展的历史，因两者收敛方向不同故早、晚两阶段力学性质正好相反。早期与北北东向系具成生联系，晚期可能与本区遭受东西挤压的南北向构造体系的应力场有关，即属南北向带在区内受不均匀挤压扭动的产物。前者对凹陷槽地的形成和沉积建造有明显控制，后者对区域构造变形和油气的移聚分布有重要控制作用。这是在研究中国东部北北东向系槽地中油气运移聚积和分布时极需注意的问题。

鲁西、冀鲁帚状构造体系和陇西帚状构造体系所处纬度相当，出现于阴山—天山东西向带和秦岭—昆仑东西向带间，东西遥相呼应，组合形态相似，早期力学性质一致，并且成生发展时间与运动方式方向一致，都是晚白垩世至古近纪以来强烈活动形成的。这反映了中国大陆中部向南移动，引起东、西部向北的相对扭动，派生形成了局部沿着古老地块的旋转，且有典型性。

9.1.3 塔里木盆地雅克拉—轮台帚状构造带

该带位于塔里木盆地北部沙雅隆起北部，西起新河县，东到轮台以东，长约200km，南北宽20～80km，呈由西向东收敛的帚状，该构造带主要受三条走滑断裂所控制，其北缘一条为牙哈断裂，中间为牙哈南断裂，南边一条为轮台断裂，在断裂的上下盘形成多个雁列状断裂—褶皱带(图9-3)，该帚状构造主要形成于中生代—新生代，在主干断裂上下盘已发现20多个油气田。

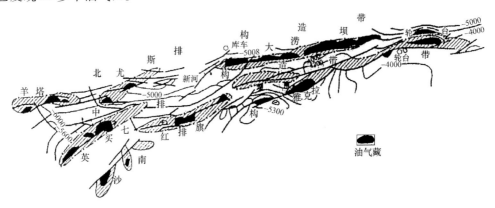

图9-3　雅克拉帚状构造控油气田分布图

9.1.4 塔中帚状构造带

塔中帚状构造位于塔里木盆地东西隆起带中部卡塔克隆起上，为一向北西撒开、向东南收敛的帚状构造型式。

塔中地区发育诸多断裂构造带，因受多种因素控制，不同断裂带之间或同一断裂带不同地段断裂活动表现出明显的差异性。通过地震构造解析，首先对构造带的形式及分段性进行研究，在此基础上结合区域构造演化断裂的成因。研究主要构造带的油气成藏条件，剖析断裂在油气聚集过程中的作用，从而探讨帚状构造体系与油气聚集的关系。

对区域剖面研究结果认为，晚奥陶世由于区域性挤压应力作用，导致塔中地区由拉张环境转化为挤压环境，造成构造属性反转。此间塔中1号、塔中3号断裂以及塘北断裂系、吐木休克断裂都已产生。其中2号断裂带为大规模挤压派生断裂，并具有转换带的性质。至此，塔中隆起东西向、北西向两组古断裂已显雏形。

经加里东早期大规模的拉张运动之后，至中奥陶世末，该区地壳由拉张转为收缩。此间，塔里木地台的构造格局显示东西走向。其中塔中东西隆起带对台区构造格局起框架作用。由于南北向挤压应力的不均匀性，使塔中隆起西部变得宽阔，低隆起轴部向西呈指状撒开的雏形。北部与塔中1号断裂相伴生的早期扭动构造，以及南部塔中3号断裂向西撒开的逆冲叠瓦断裂带及其伴生的逆冲背斜等大体同期形成。志留系、泥盆系基本是在一种古侵蚀背景上的超覆式沉积，以塔中低隆起的南、北凹陷区沉积最厚。至泥盆纪末期，塔东地区的整体抬升使得早期形成的构造格局进一步强化，古隆起幅度进一步加大，志留系、泥盆系、上奥陶统再次遭受剥蚀。构造形变及改造作用以塔中低隆起中东都地区最强，早期形成的各构造带因断裂加强进一步复杂化，逆冲、隆升、剥蚀而最终定型。塔中低隆起南、北翼以及古城墟鼻隆起受影响相对较小。由于塔中 2 号断裂再度活动，泥盆纪期的抬升剥蚀使塔中地区的古地形基本夷平，石炭纪早期沉积时，塔中潜山带则以"岛链"的形式构成南部屏障。至此，塔中地区帚状构造格局基本成型。石炭纪以后，塔中地区基本上处于稳定状态，保持整体的升降，只在隆起中西部的部分断裂有活动。由于晚期海西运动的影响，沿帚状构造的主干断裂产生基性岩浆侵位。至喜马拉雅期，由于阿尔金左旋扭动应力场的影响，塔中帚状构造最终定型。

区域构造控制了塔中地区断裂构造的形成和演化。塔中地区的断裂构造在平面上总体呈帚状分布；剖面上呈一大型复式背斜，两翼形成背冲断裂系，总体为一巨型花状断裂构造样式。各断裂构造带组合类型包括正花状、Y 字形背冲，叠瓦状逆冲、对冲等。骨干断裂基本上都是基底卷入型，断裂的性质多为压扭性。断裂多形成于加里东期，定型于前石炭纪。晚海西期活动的断裂主要集中在隆起的西部，二叠纪以后基本稳定。塔中帚状构造的这些特点，是在区域地质构造演化过程中形成的(图 9-4)。

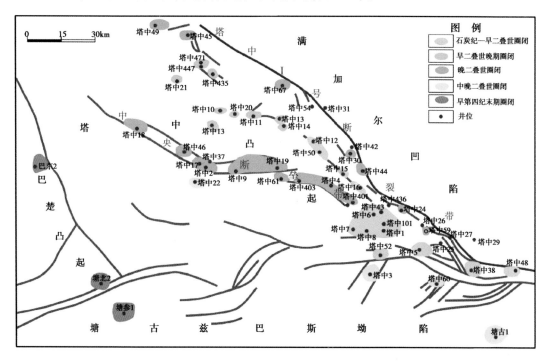

图 9-4 塔中地区石炭系内幕主要构造圈闭初次形成期平面分布

9.1.5 塔里木盆地雁列构造体系

该构造体系分布广泛，如塔里木盆地北部拱塔克雁列构造带，定位于库车坳陷西部，喜马拉雅期由于北西向系的控制作用形成的古近系—新近系雁列构造带。

9.1.6 塔里木盆地阿克库勒旋扭构造体系

该旋扭构造位于塔里木盆地北部沙雅隆起中段的阿克库勒凸起上，主要形成于海西期，由两个旋回构造带和旋涡组成，它对本区油气田分布起重要控制作用。

阿克库勒旋扭库勒旋扭构造形成过程如下。

（1）震旦纪—中奥陶世：克拉通盆地沉积了一套浅海相碳酸盐岩，本区构造活动较弱。中奥陶世末期发生了南北挤压作用，使本区开始出现隆起显示并产生了阿克库木断裂带及桑塔木断裂带。

（2）晚奥陶世—志留纪：塔里木台地处于挤压环境中，在挠曲盆地发育时期，形成阿克库勒北东向背斜型凸起，同时阿克库木和桑塔木断裂再次抬升活动，并使本区遭到强烈剥蚀作用。

（3）泥盆纪：由于区域挤压应力持续作用，使本区再次抬升，断裂活动加剧，阿克库木和阿克库勒断裂产生两个背冲型断裂构造带。

（4）石炭纪—二叠纪：早中石炭世随着台地伸展沉降，本区开始接受沉积，形成一套浅海相碳酸盐岩。晚石炭世再次抬升，缺失上石炭统。早二叠世，本区也发生火山喷发活动，堆积一套火山碎屑岩地层，晚二叠世又再次抬升遭受强烈剥蚀。此间阿克库勒旋扭构造基本定型，并对本区油气田分布起重要控制作用（图9-5）。

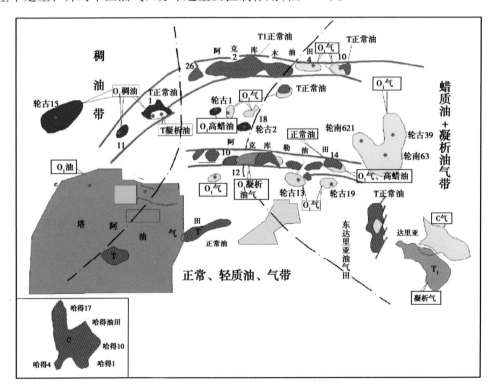

图9-5 塔里木盆地北部塔河油气田及周缘油气田分布示意图

9.1.7 河北省青龙县东南红桥杆旋扭型放射状构造体系

该构造体系由四条放射形断裂带(二道河、范杖子、草碾儿及吴杖子断裂)组成(图9-6)。

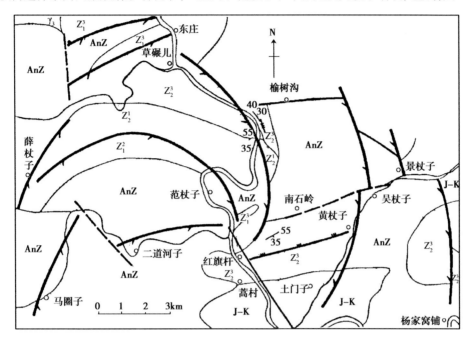

图9-6 河北青龙县东南红旗杆辐射状构造示意图

9.2 俄罗斯东北部北萨哈林雁列构造体系

该构造体系由北北西向三个向斜带夹持三个隆起构造带组成,互相成雁列排列,自北向南为:奥多普金海上、东奥多金、奥多普金、纳伊4个隆起带和塔普宁、恰伊沃、伦斯基3个向斜带(图9-7)。

9.3 西印度洋帚状构造体系

该构造体系由3条半包围着马达加斯加岛的海岭组成:最西边的一条为塞舌耳海岭(瑟谢尔斯海堤),位于东经52°~62°,南纬3°~20°,两边为深达4000m的海沟,呈新月形展布;第二条为卡尔斯伯格海岭(卡尔斯伯格长垣),位于第一带的东北面,比较狭窄,两侧均为深海,中间有一条裂缝,为玄武岩充填;第三条为拉戈斯代夫海岭,北端可能进入印度半岛,南端几乎与卡尔斯伯格海岭相垂直,略呈弯曲之势,这些弧形海底隆起带包括马达加斯加在内,共同组成了西南印度洋帚状构造体系,反映印度洋与非洲大陆在中、新生代曾发生过水平差异旋转运动。

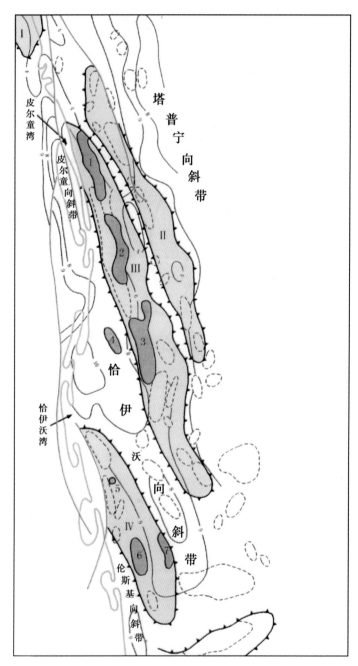

图9-7 俄罗斯北萨哈林雁列构造体系带分布图

油气田名称：1—奥多普金海上；2—皮尔童；3—阿尔库童—达金；4—恰伊沃；

5—维宁；6—伦斯基；7—基林

构造带名称：Ⅰ—埃斯片别尔；Ⅱ—东奥多普金；Ⅲ—奥多普金；Ⅳ—纳伊

9.4 西南太平洋帚状构造体系

　　该构造体系由遍布西南太平洋的一系列弧形列岛组成。其中最接近澳大利亚大陆的一连串弧形列岛是伦内尔群岛、新喀里多尼亚岛和诺福克岛，直到和新西兰北岛的奥克兰半岛相衔接。这一串岛屿和半岛与奥在利学者苏士所谓的第一道澳大利亚弧相当，在这一道弧的东北，又有一串弧形列岛由索罗门群岛、新乔治亚群岛和新赫布里底群岛等组成。再往北和东北，又有一连串弧形列岛，由加罗林群岛、库赛埃岛和瑙鲁岛等组成。再往东北部，还有一串弧形列岛，北段分为两支，东支为膜达克群岛，西支为腊利克群岛，它们总合起来称为马绍尔群岛。循此向南为吉尔伯特群岛、图瓦卢群岛，直抵斐济群岛以南。这一连串弧形列岛相当于苏士所谓的第二道澳大利亚弧。以上4道弧形列岛的东南端，有插入汤加—克马德克—新西兰隆起带的趋势，并且还有使该隆起带的西边对它的东边向东北拖动的迹象，有人认为甚至平错达300km。这4道弧形列岛构成了一个由大型扭性断裂构成的帚状构造体系。根据新西兰"阿尔卑斯"断层提供的信息，这个帚状旋转构造体系内旋层的运动方向是反时针的，外旋层为"阿尔卑斯"断层是右旋平错的（即顺时针方向运动）。其运动量从侏罗纪起总断距达480km，仅第四纪断距就有18km，所以这个帚状旋转构造体系起源于侏罗纪，至今仍在活动，是个地震多发地带。

9.5 南极双环复合式旋转构造体系

　　南极双环复合式旋转构造体系与北极旋转构造不同：①它是一个以南极大陆为核心的、被南大洋包围的地区，大陆面积$1400 \times 10^4 km^2$，堪称世界第七大陆，也是世界最高的大陆，平均海拔2350m，几乎全被冰川覆盖，冰层平均厚1880m，最厚处达4000m以上，地球自转轴南端出露点所在地为自旋转运动中心。②是地球自雷劈运动与公转运动联合发动的叠合运动所导生的放射状水平分力、旋转力及大洋裂谷推拉力联合作用的地域。③具有双环复式构造的特点。所谓双环复式构造，就是在南极大陆外围，呈包围状的南大洋地带发育一个如前论述过的南大洋裂离式旋转构造，其组成裂谷系构成包围南极的第一道环，它的裂离推力，一个方向指向北，有将其外围的地质体推向北极方向的作用（现在大陆聚集北半球，不能不说与此有关），另一个方向指向南，有将其环形裂系内侧的地质体推向南极方向的作用，此力与极中心发生的放射状离心力相对挤压作用，产生第二道、第三道等同心（环）网状挤压性构造，包括一系列弧形冲断和褶皱，以及相配套的放射状断裂构造，这些构造行迹在露头区屡见不鲜。④南极由于其他构造体系的干扰，在西南极似乎附贴了横贯南极的S型造山带，西南极的S型裂谷系和南极半岛—西南极中新生代的S型造山带，使得南极的构造形态更加丰富多彩。

9.6 北极同心圆辐射状旋转构造体系

同心圆辐射状旋转构造体系在北极及亚极区的地质构造与南极截然不同：①北极极区大部分为北冰洋所占据，北美大陆和亚欧大陆以合围聚集之势向极区集中，北冰洋是世界四大洋中最小的一个，呈椭圆形，面积 $1310 \times 10^4 km^2$，相当于太平洋面积的十四分之一，平均深度1200m，最深处在南森盆地达5449m，洋底地形相当复杂，沿短轴方向排列着3条海岭[北冰洋(南森)海岭、罗蒙诺索夫海岭和门捷列也夫海岭]和两大海盆(欧亚海盆和加拿大海盆)。大陆架非常宽广，面积约 $400 \times 10^4 km^2$，占整个北冰洋面积的三分之一。②地球转轴北端的出露点——北极点，也是自旋转运动的中心所在地，地球自转运动和地球公转运动所发动的地壳叠合运动，导生了离极力和大陆地块向北极的推挤力，二力汇合即产生环形和放射状断裂和褶皱构造等。③北极挤压式同心圆辐射状旋转构造，犹如锥体器械旋转锥入物体所产生的构适应力场形成的构造体系，在锥体合力钻进时，既做旋转运动，又要钻入前进，必然要受到反作用力的反制动，从而形成特殊的构造形迹和型式。④这一构造形式中的同心圆展布的构造形迹，无论是断裂构造、还是其他形式的构造变形，都是压性的，而与之相配套的，呈辐射状分布的构造形迹，无论是断裂构造还是其他构造变形也都是压扭性质的。

北极旋转构造体系最外一圈是北方前寒武纪稳定克拉通地块系，完全揭示了这些特点：①该地块系呈同心圆包围北极旋转中心；②地块系内的同心圆构造形迹都是压性的；③呈放射状分布的构造变动带，如乌拉尔断褶带、斯堪的纳维亚断褶带、格陵兰东侧断裂带、叶尼塞河断裂带、上维尔霍场斯克褶皱等，无不具有压扭性的特点；④夹在同心圆与辐射状构造变动带之间的地块大都呈梯形或方形，而且梯形的短边总是在旋转中心的一侧，长边则在其外围，从而显示了梯形地块在同心圆辐射状旋转构造形成过程中的楔入作用。这就是我们所认识的北极挤压式同心圆辐射状构造体系(图9-8)。

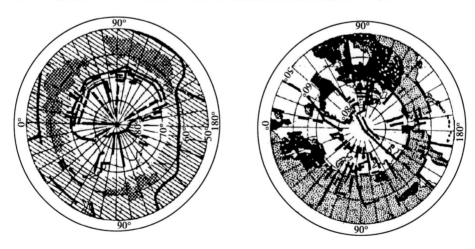

图9-8 北极同心圆辐射状旋转构造图

10 构造体系演化特征及复合联合关系

10.1 构造体系演化特征

构造体系在它的成生发展演化过程中的主要特征初步归纳为五个方面：阶段性、继承性、迁移性、差异性和转换性。

1. 阶段性

每一个构造体系的成型都不是在一个时期和一次运动完成的。由于区域构造运动的多旋回性，才导致构造体系成生、发展的阶段性，如属于东西向系的沙雅古隆起—库鲁克塔格隆起。在震旦纪—中奥陶世时为东西向沉降带，晚中奥陶世开始有隆起显示。志留纪—泥盆纪时这个东西向隆起带快速抬升并基本定型，直至石炭纪—二叠纪时仍处于隆起状态，部分地区遭受到剥蚀，中新生代沙雅古隆起被迫沉降，大部分地区被覆盖。

另外，准噶尔盆地、鄂尔多斯盆地、四川盆地等主要构造体均表现出演化阶段性。

又如北西向，中奥陶世末在巴楚隆起开始有北西向隆起显示，晚奥陶世—泥盆纪再次抬升，使高部位的上奥陶统—泥盆系遭到剥蚀；石炭纪塔中隆起基本停止活动，并被石炭系覆盖，但巴楚却继续抬升，而且一直延续到喜马拉雅期。

2. 继承性

塔里木及其周边各构造体系的演化至少有两次继承性发展，而东西向系和北西向系至少有 4 次继承发展的过程，如中奥陶世末、志留纪末、泥盆纪末、石炭纪—二叠纪末。上述构造体系在多期次区域构造运动作用下，都有继承性活动的表现。

3. 迁移性

各构造体系的演化都不是均一的，而在不同发展时期构造活动具有迁移的特点。塔里木盆地北西向系早古生代的沉降中心在塔东满加尔地区，但到晚古生代则迁移到西部的叶城地区。又如天山东西向系的库车坳陷，三叠纪—侏罗纪是盆地主要的沉降中心，但到新生代沉降中心则转移到昆仑东西向系的喀什坳陷。

中国西北地表沉积相特征充分表现出各时代沉积中心和沉降中心的迁移。如二叠纪沉积相图反映，西北地区大面积分布只是在塔里木地块东部—河西走廊地区中西部缺失沉积，但是到中生代早期三叠纪沉积范围大大缩小，只分布在准噶尔、三塘湖、吐哈、塔里木东北部及走廊地区东南部等地(表 10-1)。

表 10-1　中国西北地区构造体系阶段性和继承性简表

地质时代		构造阶段及地块活动			构造体系演化					盆地形成
新生代	第四纪	喜马拉雅印支构造阶段	内陆盆地发育阶段							前陆盆地
	新近纪			晚期喜马拉雅运动						
	古近纪			中期喜马拉雅运动						
				早期喜马拉雅运动						
中生代	白垩纪			晚期燕山运动						
	侏罗纪			中期燕山运动						
	三叠纪			早期燕山运动						
				印支运动						
晚古生代	二叠纪	海西构造阶段	地块开合发育阶段	末海西运动						克拉通坳陷盆地
				晚海西运动						
	石岩纪			中海西运动						
	泥盆纪			早海西运动						克拉通挠曲陷盆地
早古生代	志留纪	加里东构造阶段	古陆块分裂及裂陷阶段	晚加里东运动						
	奥陶纪			中加里东运动						克拉通裂陷陷盆地
	寒武纪									
新元古代	震旦纪			早加里东（兴凯）运动						
	青白口时期									
中元古代	蓟县时期	晋宁阶段	陆壳形成阶段	晋宁（塔里木）运动	EW向系	NW向系	NE向系	反S型系	NNE向系	
	南口时期									
	长城时期									
古元古代	滹沱时期	吕梁阶段		吕梁（兴地）运动	准噶尔陆块形成					
	五台时期			五台运动	塔北及阿拉善陆块形成 塔南陆核形成					
太古庙	阜平时期	阜平阶段	陆核形成阶段	阜平运动						
	冥古宙									

中国鄂尔多斯盆地，自寒武纪以来各时代沉积中心的位置均在不同程度地迁移。如奥陶纪该盆地沉积中心在其西南部，但到石炭纪，沉积中心则迁移到西缘和东部地区（图10-1、图10-2）。

中国四川盆地，仍然具有各时代构造迁移特征，表现为自震旦纪以来各时代沉积中心均不一致。如晚三叠世沉积中心在盆地西缘地区，侏罗纪时沉积中心迁移到盆地东北部（图10-3、图10-4）。

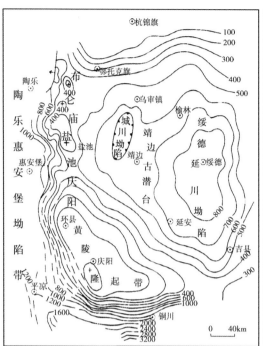

图 10-1　鄂尔多斯盆地奥陶纪古构造图
（据赵重远，1996）

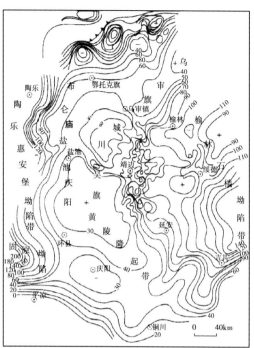

图 10-2　鄂尔多斯盆地石炭纪古构造图
（据赵重远，1996）

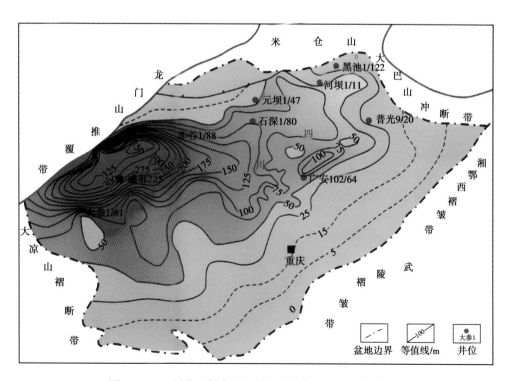

图 10-3　四川盆地须家河组须五段暗色泥岩厚度等值线图

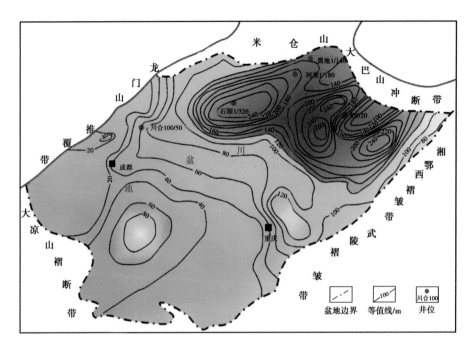

图 10-4　四川盆地下侏罗统暗色泥岩厚度等值线图

4. 差异性

在各构造体系演化中均有这一特征，在不同地区活动强度也不同。如塔里木盆地属于东西向系的轮台断裂，在其形成、演化过程中，经历多次活动，断裂各段各期次的活动强度、性质各有差异，使其对油气的控制作用显示出不同的特点：由于断裂东段抬升高，西段抬升低，造成上盘古生界—新元界的分布，东老西新；中生界的分布则又相反，转变为西老东新，使中生界不同层位直接覆盖在古生界之上，形成了不同的聚油条件。又如北西向系的塔中 I 号断裂，在地质历史发展的过程中，北部与东部活动强度差异较大，断裂西北部的断距小，只有 300～500m，而东南部的断距达千米。

中东地区阿拉伯地块各时代沉积迁移性十分明显，如早志留世与早泥盆世、中晚始新世与渐新世沉积迁移性沉积特征(图 10-5～图 10-8)。

另外，南美洲马拉开坡盆地，晚白垩世—渐新世沉积相迁移性十分明显(图 10-9)。

5. 转换性

构造体系发展史上的挤压和拉张、抬升与沉降的转换是构造体系演化的另一个特征。如塔里木盆地北部东西向构造带的沙雅古隆起在早古生代早期为沉降带，从志留纪、泥盆纪开始转换为隆起带。它北缘的亚南断裂，喜马拉雅期之前为南倾的压扭性断裂带，但自喜马拉雅期开始就转换为南倾张性断裂带等。

另外，鄂尔多斯盆地西缘贺兰山断裂带及四川盆地龙门山断裂带，其南部—中部和北部断裂活动强度均存在明显差异性。

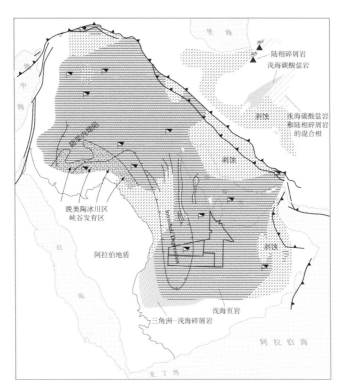

图 10-5　阿拉伯地块早志留世沉积相图（据 Konert 等，2001，修改）

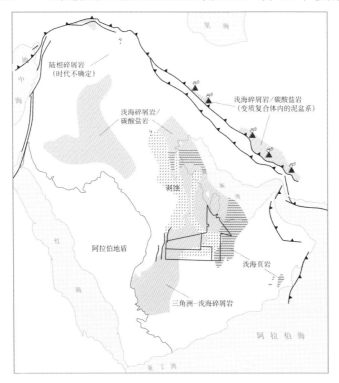

图 10-6　阿拉伯地块早泥盆世沉积相图（据 Konert 等，2001，修改）

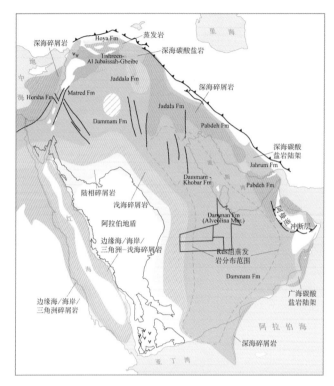

图10-7 阿拉伯地块中晚始新世沉积相图（据国土资源部，2013）

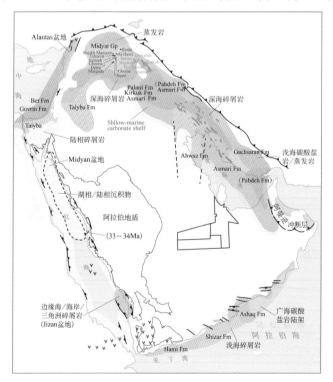

图10-8 阿拉伯地块渐新世沉积相图（据国土资源部，2013）

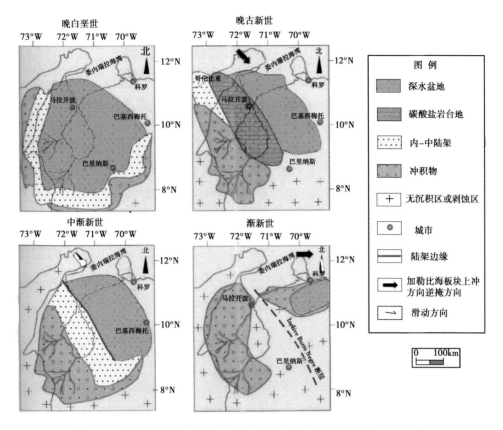

图 10-9　南美洲马拉开坡盆地晚白垩世—渐新世时期岩相古地理分布图

10.2　构造体系的复合与联合

在漫长的地质年代里，地壳经历了多次构造变动。在同一地区常常先后有几个不同类型的造体系发生。因此，在野外所看到的各种构造现象，在某种意义上，几乎都是历次构造运动引起的构造形变的综合结果。依一定方式进行的一次构造运动，形成了一系列构造形迹或构造带，以及一定形态的岩块或地块。它们除按照一定的分布规律出现以外，还会受到已有的构造带或地块的限制，发生迁就，后期构造运动利用或改造、破坏已有的构造形迹或构造带。在前一次属于构造形迹相对微弱的地块或岩块的范围内，可能产生新的构造形迹或构造带；而前一次构造运动形成的。某些构造带展布地区，却可能全部或部分地成为后来形成的构造体系中构造形迹微弱的地块或岩块的一部分，即使是同一构造运动产生的不同序次的构造形迹之间，也会发生类似的情况。上述这种复杂情况就是构造复合现象。

1. 斜接复合

两组构造带走向很相近，以致部分地段很难区分它们，但是沿走向追索时，就可以发现它们是逐渐分开了，这种情况称为斜接。

塔里木及周邻地区，北西向系与东西向系之间的复合关系就属于这种类型。在天山地区，呈东西向展布的天山东西向系被呈北西走向的博罗科努带斜接。博罗科努带属于强度极大的压扭性构造带，由于它们的复合，使该地段形成中天山地轴，挤压、压扭性构造现象极为突出。

在塔里木盆地东北边缘，北西走向的孔雀河斜坡，可能属于北西向系的一级隆起带成分，但它很有可能与南天山东西带斜接复合，并构成塔东北坳陷区（满加尔坳陷）的北斜坡；塔里木盆地中央巴楚—卡塔克隆起，又出现东西向隆起带与北西向系的斜坡复合现象，从而使巴楚—卡塔克隆起得以加强。并使该区属于北西向系的压扭性断裂表现突出，如吐木休克断裂、古董山断裂、玛扎塔格断裂、海米罗斯断裂、卡拉沙依断裂、塔中1号断裂、中央断垒带、塔中10号断裂等。随着北西向系的进一步发展，出现在阿瓦提坳陷与满加尔坳陷之间北西向的顺托果勒低隆起及其旁侧的阿沙4号断裂、阿满2号断裂等，也当属于它的低级构造成分。正是由于北西向系的出现，把阿满坳陷带分隔成阿瓦提坳陷与满加尔坳陷。

按照北西向系的展布规律，塔西南坳陷也当属具东西向与北西向双重构造属性的坳陷区（古生代），出现于西昆仑的公格尔隆起（中央隆起）也可能是北西向系的一级隆起带，由于帕米尔反S型的卷入现已很难辨认。

塔里木地块由于北西向系与东西向系的斜接复合，使显东西向格局的地块区又叠加有北西向的条块，它们具有共同控盆的作用。

2. 反接复合

所谓反接复合，是指两组构造带走向有较大的交角，一般在45°以上，甚至互相垂直，这是比较明显的一种交接现象。如果较新的构造成分是断裂，便可以看到明显切错较老构造成分的现象。

属于北西向系的扭压性断裂沿塔里木盆地西北缘分布，与展布于盆地北缘的南天山弧的复合关系，便是反接复合现象的典型实例。比较集中的有如下几个地段。

（1）奇特的库孜贡苏压陷槽地：沿近东西向延伸的西南天山褶皱带，突然被北西向系北北西向的康苏—米亚断裂截切，形成一条很深的槽子，并向南南东方向延伸，与库孜贡苏断裂连接，再往南插入西昆仑山东侧。在这个槽子内，侏罗系保存良好，厚度大于4000m，并使烃源岩得以良好封存。这是比较明显的反接复合现象。

（2）北西向系北北西向断裂横截柯坪弧推覆带：塔里木盆地西北部的柯坪弧与巴楚隆起之间的推覆碰撞带（柯坪—沙井子断裂带）呈北东东走向，被北西系的北北西向扭压性断裂反接截切。其中属于北西向系的主干断裂有普吕—色力布亚断裂带和皮恰克逊断裂、阿恰断裂带，其次还有同岗断裂、乔硝尔盖断裂、巴楚断裂和三岔口断裂等，正是由于它们的发育，不仅使柯坪弧被错断，同时还改造、扭曲了巴楚隆起西北部的形态。上述复合现象发生在晚中生代至新生代。

（3）喀拉玉尔滚断裂截切带：该截切带位于马什凹陷与拜城凹陷的交接地带，由于北西向的扭压性断裂的截切，使该区北东东向展布的构造带受了干扰，并且在喀拉玉尔滚断裂向南延展的过程中，与派生的分支构造组合成入字型。

除此之外，在盆地东北缘库尔勒地区，北西西—南东东向展布的古老褶皱带（南天山弧），被北北西向的库尔勒扭断裂截切，表现为反接－斜接复合，同时使被截切的古老构造带发生顺时针扭错。这也是北北西向构造体系参与的复合现象。

上述反接复合现象，是中生代晚期至新生代时期，在塔里木盆地西部及北缘发生的局部现象，但对上述地区带来一些构造干涉。

3. 重叠复合

这种复合现象，大多发生在大规模上升或沉降的地区。已经形成的一个完整的构造体系的一部分或全部，可以由于大面积隆起而部分或全部得到"加强"，也可以由于沉降而"减弱"。这种"加强"和"减弱"并不意味着原有构造的强弱，只是一种重叠作用所反映出来的表面现象。

当塔里木台地在海西晚期褶皱定型之后，进入中新生代构造发展阶段时，由于库车山前坳陷带的形成和大面积快速沉降的同时，使原属于东西向系的塔里木台缘隆起带（沙雅古隆起）、塔北台缘坳陷（边缘海盆地）及阿满古坳陷区、甚至包括中央隆起带在内，处于沉降和被埋没的状态。它们并没有因为沉降而被削弱，现在地震勘探成果已查明，前述属于东西向系的构造成分依然存在，这就是南天山弧与东西向系的重叠复合现象。

4. 改造复合

根据构造体系分布规律的可预见性，我们认为塔里木地台南部，同样发育东西向系的构造成分，如塔南坳陷带、塔南台缘隆起带等。现在只看到一个并不完整的唐古巴斯坳陷，其余的东西向带难寻其踪迹。在我们所看到的中新生代构造形态中，盆地西南出现一个巨大的反 S 型坳陷带，它是帕米尔 S 型的边缘坳陷，从山前带向东北方向推进，经过麦盖提斜坡，包括巴楚—卡塔克隆起在内，被巨厚的中新生界覆盖。

11 结 论

(1)构造体系形成的重要动力主要有：地球自转速度变化、天体对地球的影响、地壳内放射性元素、地壳厚度不均一性、地壳密差异性等。这些因素复合作用，在不同时代不同地区形成多方向地应力，造就不同构造体系的形成。

(2)首次系统建立了全球八大构造体系类型：①东西向构造体系；②南北向构造体系；③北东向构造体系；④北北东向构造体系；⑤北西向构造体系；⑥山字型构造体系；⑦S型或反S型构造体系；⑧旋扭构造体系。主体构造体系是东西向和南北向构造体系。

(3)提出了各构造体系演化特征：阶段性、继承性、差异性、迁移性及转换性五种特征，显现出各构造体系的复杂性。

(4)构造体系控制各大小地块的成生演化，而各地块又控制和影响构造体系的形成和演化，它们相互作用造就了现今全球构造格局及海陆变迁和演化。

(5)构造体系形成演化控制各时代沉积及原型盆地形成，亦控制全球能源矿产和金属矿产的形成、改造和定型。而且构造体系控制矿产分布是很有规律性的。即一、二级构造体系控制矿产区域性分布；三、四级构造体系控制矿床及油气田分布。

参 考 文 献

[1]李四光. 地质力学概论[M]. 北京：科学出版社，1973.

[2]李四光. 旋卷构造及其他有关中国西北部大地构造体系复合问题[J]. 地质学报，1954，34：339 –410.

[3]李四光. 天文、地质、古生物资料摘要[M]. 北京：科学出版社，1972.

[4]李四光. 地质力学概论[M]. 北京：科学出版社，1973.

[5]李四光. 旋扭构造[M]. 北京：科学出版社，1974.

[6]李四光. 地质力学方法[M]. 北京：科学出版社，1976.

[7]李述靖. 中国主要构造体系的划分及特征概述[M]//地质矿产部地质力学研究所. 中国分省构造体系研究文集(第1辑). 北京：地质出版社，1985.

[8]李述靖，张维杰. 内蒙古苏尼特左旗纬向推覆构造的发现及地质意义[J]. 地质力学学报，1995，1(1).

[9]李自坤. 安徽省主要构造体系概念[M]//地质矿产部地质力学研究所. 中国分省构造体系研究文集(第1辑). 北京：地质出版社，1985.

[10]孙殿卿. 中华人民共和国及其毗邻海区构造体系图[M]. 北京：地图出版社. 1984.

[11]孙殿卿. 中国石油普查勘探中的地质力学理论与实践[M]. 北京：地质出版社，1989.

[12]王鸿桢. 中国邻区构造古地理及生物古地理[M]. 北京：中国地质大学出版社，1990.

[13]田在艺. 从地质发展历史分析准噶尔盆地油气前景[J]. 新疆石油地质，1989(3)：3 –14.

[14]包茨，杨先杰，李登湘，等. 四川盆地地质构造特征及天然气远景预测[J]. 天然气工业，1985，5(4)：1 –11.

[15]冯福国. 中国天然气地质[M]. 北京：地质出版社，1995.

[16]朱夏. 中国中新生代盆地构造与演化[M]. 北京：科学出版社，1983.

[17]任纪舜. 中国大地构造及演化[M]. 北京：科学出版社，1980.

[18]地质科学院地质力学研究编图组. 中华人民共和国构造体系图(1：400万)说明书[M]. 北京：地质出版社，1978.

[19]刘光鼎. 中国海域及邻区地质地球物理特征[M]. 北京：科学出版社，1992.

[20]刘宝瑶. 中国南方古大陆地壳演化及成矿[M]. 北京：科学出版社，1993.

[21]翟光明. 中国石油地质志(卷13、卷14)[M]. 北京：石油工业出版社，1996.

[22]戴金星，王庭斌. 中国大中型天然气田形成条件与分布规律[M]. 北京：地质出版社，1997.

[23]李东旭. 地质力学导论[M]. 北京：地质出版社，1986.

[24]肖序常. 新疆北部及邻区大地构造[M]. 北京：地质出版社，1992.

[25]张渝昌. 中国含油气盆地原型分析[M]. 南京：南京大学出版社，1997.

[26]张福礼. 鄂尔多斯盆地天然气地质[M]. 北京：地质出版社，1994.

[27]张国俊，况军. 准噶尔盆地腹部地区石油地质特征及找油前景[J]. 新疆石油地质，1993，14(3)：201 –208.

[28]周志武.东海地质构造特征及含油气性[M]//朱夏,徐旺.中国中新生代沉积盆地.北京：石油工业出版社,1990.

[29]金庆焕.南海地质与油气资源[M].北京：地质出版社,1988.

[30]赵白.准噶尔盆地的构造特征与构造划分[J].新疆石油地质,1993(3)：209-216.

[31]朝见义.渤海湾盆地地质基础与油气富集[M]//朱夏,徐旺.中国中新生代沉积盆地.北京：石油工业出版社,1990.

[32]郭正吾.四川盆地形成与演化研究[M].北京：地质出版社,1996.

[33]地质科学院地质力学研究编图组.中华人民共和国构造体系图(1:400万)说明书[M].北京：地质出版社,1978.

[34]甘肃省地层表编写组.西北地区区域地层表·甘肃分册[M].北京：地质出版社,1980.

[35]关士聪.中国海陆变迁海域沉积相与油气[M].北京：科学出版社,1984.

[36]郭正吾.四川盆地形成与演化研究[M].北京：地质出版社,1996.

[37]黄汲清.中国大地构造特征的研究[M].北京：地质出版社,1984.

[38]金庆焕.南海地质与油气资源[M].北京：地质出版社,1988.

[39]康玉柱.中国西北地区石油地质特征及油气前景[J].石油实验地质,1984,6(3)：229-240.

[40]康玉柱.沙参2#高产油气流的发现和今后找油方向[J].石油与天然气地质,1985,6(增刊).

[41]康玉柱.塔里木盆地构造体系与油气关系[M]//中国地质科学院地质力学研究所.地质力学文集(第九集).北京：地质出版社,1989.

[42]康玉柱.试论塔里木盆地油气分布规律及找油方向[J].地球科学,1991,6(1)：429-436.

[43]康玉柱,康志江.地质力学在塔里木盆地油气勘查中的重大进展[J].地质力学学报,1995,1(2).

[44]康玉柱.中国古生代海相成油特征[M].乌鲁木齐：新疆科技卫生出版社,1995.

[45]康玉柱.中国主要构造体系与油气分布[M].乌鲁木齐：新疆科技卫生出版社,1999.

[46]康玉柱.塔里木盆地古生代海相油气田[M].武汉：中国地质大学出版社,1992.

[47]康玉柱.塔里木盆地石油地质特征及油气资源[M].北京：地质出版社,1996.

[48]康玉柱.中国西北地区油气地质特征及资源评价[M].乌鲁木齐：新疆科技卫生出版社,1997.

[49]康玉柱,蔡希源.中国古生代海相油气田形成条件与分布[M].乌鲁木齐：新疆科技卫生出版社,2002.

[50]康玉柱,王宗秀,康志宏,等.柴达木盆地构造体系控油作用研究[M].北京：地质出版社,2010.

[51]康玉柱,王宗秀,康志宏,等.准噶尔—吐哈盆地构造体系控油作用研究[M].北京：地质出版社,2011.

[52]李东旭.地质力学导论[M].北京：地质出版社,1986.

[53]康玉柱.油气地质力学[M].北京：地质力学出版社,2013.

[54]康玉柱,王宗秀.四川盆地构造体系控油作用研究[M].北京：地质出版社,2014.

[55]康玉柱,王宗秀.中国西北地质构造体系控油作用研究[M].北京：地质出版社,2013.

[56]李松山.淮阳山字型构造弧顶新知[M]//562综合大队集刊编辑委员会.562综合大队集刊(第9号).北京：地质出版社,1979.

[57]李振兴.西南三江地区大地构造单元划分及地史演化[M]//成都地质矿产研究所所刊编辑委员会.成都地质矿产研究所所刊(第13号).北京：地质出版社,1991.

[58]梁继涛."华夏大陆"考异[M]//南京地质矿产研究所所刊编辑委员会.南京地质矿产研究所所刊.北京：地质出版社,1991.

[59]梁觉.广西壮族自治区构造体系的划分及特征[M]//地质矿产部地质力学研究所.中国分省构造体

系研究文集(第 2 辑). 北京：地质出版社，1985.

[60]刘波. 论华南南缘山字型构造体系[J]. 成都地质学院学报，1982(2)：45－53.

[61]刘德良. 试论冀鲁经向构造带[M]//中国地质科学院地质力学研究所. 地质力学文集(第九集). 北京：地质出版社，1989.

[62]刘寄陈. 北祁连造山带陆块构造[J]. 地球科学，1991(6)：635－642.

[63]刘泽容，王孝陵. 再论冀鲁帚状构造体系[J]. 华东石油学院学报，1981(2)：1－14.

[64]刘增乾. 青藏高原大地构造与形成演化[M]. 北京：地质出版社，1990.

[65]安徽省地质矿产局. 安徽省区域地质志[M]. 北京：地质出版社，1987.

[66]陈毓遂. 贵州省新华夏系构造特征概述[M]//地质矿产部地质力学研究所. 中国分省构造体系研究文集(第 2 辑). 北京：地质出版社，1985.

[67]陈庆宣. 岩石变形与构造应力场分析中值得引起注意的几个问题[M]//地质力学所所刊编辑委员会. 地质力学所所刊(第 8 号). 北京：地质出版社，1986.

[68]崔盛芹，杨振升，周南硕，等. 燕辽及其邻区的古构造体系研究[J]. 地质学报，1977(2).

[69]地质力学研究所编图组. 中国主要构造体系[M]. 北京：地质出版社，1978.

[70]地质力学研究所. 1：250 万中华人民共和国及毗邻海区构造体系图简要说明书[M]. 北京：地图出版社，1984.

[71]董申保. 中国变质作用及其与地壳演化的关系[M]. 北京：地质出版社，1986.

[72]董树文. 大别地块运动程式初探[M]//地质力学所所刊编辑委员会. 地质力学所所刊(第 12 号). 北京：地质出版社，1989.

[73]福建省地质矿产局. 福建省区域地质志[M]. 北京：地质出版社，1985.

[74]福建省地质矿产局. 台湾省区域地质志[M]. 北京：地质出版社，1992.

[75]甘肃省地质矿产局. 甘肃省区域地质志[M]. 北京：地质出版社，1989.

[76]高振家. 新疆北部前寒武纪[J]. 前寒武纪地质，1993(6).

[77]郭养和. 东南大陆早古生代古地理轮廓[M]//南京地质矿产研究所所刊编辑委员会. 南京地质矿产研究所所刊. 北京：地质出版社，1991.

[78]郭振一. 山东省主要构造体系及对几个地质力学问题的讨论[M]//地质矿产部地质力学研究所. 中国分省构造体系研究文集(第 1 辑). 北京：地质出版社，1985.

[79]广东省地质矿产局. 广东省区域地质志[M]. 北京：地质出版社，1988.

[80]河南省地质矿产局. 河南省区域地质志[M]. 北京：地质出版社，1989.

[81]黑龙江省地质矿产局. 黑龙江省区域地质志[M]. 北京：地质出版社，1993.

[82]湖北省地质矿产局. 湖北省区域地质志[M]. 北京：地质出版社，1988.

[83]胡骁. 华北地台北缘早古生代大陆边缘演化[M]. 北京：北京大学出版社，1990.

[84]黄汉纯. 中国西部西域构造体系[M]//地质力学所所刊编辑委员会. 地质力学研究所所刊(第 4 号). 北京：地质出版社，1983.

[85]吉林省地质矿产局. 吉林省区域地质志[M]. 北京：地质出版社，1988.

[86]江西省地质矿产局. 江西省区域地质志[M]. 北京：地质出版社，1984.

[87]邵云惠. 燕山弧型构造带及其派生的旋卷构造[M]//地质部地质力学研究所. 地质力学论丛(第 2 号). 北京：科学出版社，1964.

[88]水涛. 浙江省地质构造体系[M]//地质矿产部地质力学研究所. 中国分省构造体系研究文集(第 1 辑). 北京：地质出版社，1985.

[89]四川省地质矿产局. 四川区域地质志[M]. 北京：地质出版社，1991.

［90］孙殿卿，高庆华．地质力学与地壳运动［M］．北京：地质出版社，1982．

［91］谭忠福，张启富．中国东部新华夏系及其成因机制的初步探讨［J］．地质学报，1983（1）．

［92］陶奎元．中国东南大陆火山岩带的独特性［J］．火山地质与矿产，1991，12（3）．

［93］宁夏回族自治区地质矿产局．宁夏回族自治区区域地质志［M］．北京：地质出版社，1990．

［94］山东省地质矿产局．山东省区域地质志［M］．北京：地质出版社，1991．

［95］江苏省地质矿产局．江苏省及上海市区域地质志［M］．北京：地质出版社，1984．

［96］王国莲．华北陆台晚石炭世之蜓带与海水进退规程［M］//地质力学所所刊编辑委员会．地质力学研究所所刊（第13号）．北京：地质出版社，1989．

［97］王鸿祯．中国地壳发展的主要阶段［J］．地球科学，1982（3）．

［98］王小凤．绍兴—江山断裂带显微构造分析与应力值的估算［M］//地质力学所所刊编辑委员会．地质力学研究所所刊（第12号）．北京：地质出版社，1989．

［99］王维襄．典型断裂体系力学研究［M］//中国地质科学院地质力学研究所．地质力学文集（第十集）．北京：地质出版社，1995．

［100］王治顺．辽鲁苏皖地区华夏构造体系与郯城—庐江断裂带的关系［M］//地质力学所所刊编辑委员会．地质力学研究所所刊（第4号）．北京：地质出版社，1983．

［101］王治顺．论皖东经向构造体系及其意义［M］//地质力学所所刊编辑委员会．地质力学研究所所刊（第5号）．北京：地质出版社，1985．

［102］王治顺，王小凤．郯城—庐江断裂带的力学性质［M］//中国地质科学院地质力学研究所．地质力学文集（第八集）．北京：地质出版社，1988．

［103］王治顺．淮阳山字型及其控岩控矿作用［M］//中国地质科学院地质力学研究所．地质力学文集（第九集）．北京：地质出版社，1989．

［104］王治顺，朱大岗．构造动力变质作用初论［J］．地质力学学报，1995，1（1）．

［105］吴安国．江西省构造系的基本特征及控岩作用［M］//地质矿产部地质力学研究所．中国分省构造体系研究文集（第1辑）．北京：地质出版社，1985．

［106］吴江，陈钟惠．两淮地区古蚌埠隆起之存在［J］．煤田地质与勘探，1991（3）：28－34．

［107］吴磊伯，沈淑敏．经向构造体系的分布规律及其地质力学意义［M］//中国地质科学院地质力学研究所．地质力学文集（第六集）．北京：地质出版社，1982．

［108］西藏自治区地质矿产局．西藏自治区区域地质志［M］．北京：地质出版社，1993．

［109］肖序常．再论青藏高原的板块构造［M］//中国地质科学院院报编写委员会．中国地质科学院院报（第14号）．北京：地质出版社，1986．

［110］甘克文，胡见义．世界含油气盆地图集［M］．北京：石油工业出版社，1992．

［111］甘克文，李国玉，张亮成，等．世界含油气盆地图集［M］．北京：石油工业出版社，1982．

［112］关增森．非洲油气资源与勘探［M］．北京：石油工业出版社，2007．

［113］胡见义，徐树宝．东北亚地区含油气远景评价图说明书［M］．北京：石油工业出版社，1996．

［114］金之钧，殷进垠．亚洲石油地质特征与油气分布规律［M］．北京：中国石化出版社，1997．

［115］李春昱．亚洲大地构造图（1∶800万）［M］．北京：地质出版社，1984．

［116］李国玉，金之钧．世界含油气盆地图集（上册、下册）［M］．北京：石油工业出版社，2005．

［117］李国玉．世界石油地质［M］．北京：石油工业出版社，2003．

［118］刘洛夫，朱毅秀．滨里海盆地及中亚地区油气地质特征［M］．北京：中国石化出版社，2007．

［119］任纪舜．1∶500万中国及邻区大地构造图及说明——从全球看中国大地构造［M］．北京：地质出版社，1999．

[120]童晓光，窦立荣，田作基，等.21 世纪初中国跨国油气勘探开发战略研究[M].北京：石油工业出版社，2003.

[121]童晓光，关增森.世界石油勘探开发图集[M].北京：石油工业出版社，2004.

[122]王家枢.提曼—伯朝拉含油气盆地[M].北京：石油工业出版社，1991.

[123]王骏，王东坡，C. A. 乌沙科夫，等.东北亚沉积盆地的形成演化及其含油气远景[M].北京：地质出版社，1997.

[124]王志欣，金之钧.西伯利亚地台及其边缘坳陷油气地质特征[M].北京：中国石化出版社，2007.

[125]熊利平.西非构造演化及其对油气成藏的控制作用[J].石油与天然气地质，2005，25（6）：641-646.

[126]白国平.中东油气区油气地质特征[M].北京：中国石化出版社，2007.

[127]陈廷愚，沈炎彬，赵越，等.南极洲地质发展与冈瓦纳古陆演化[M].北京：商务印书馆，2008.

[128]邓希光，郑祥身，刘小汉.西南极利文斯顿岛含砾泥岩层的发现及其地质意义[J].极地研究，1999，11（3）：169-178.

[129]张抗，周总英，周庆凡.中国石油天然气发展战略[M].北京：石油工业出版社，2002.

[130]AADLAND R K, SCHAMEL S. Mesozoic evolution of the Northeast African shelf Margin, Libya and Egypt [J]. AAPG Bulletin, 1988, 72(8): 982.

[131]ABDEL A, SHALLOW J A, NADA H, et al. Geological evolution of the Nile Delta, Egypt, using REGL, Regional seismic interpretation[C]. Proceedings of 13th Petroleum Exploration Conference. Egypt: Egyptian General Petroleum Corporation, 1996: 242-255.

[132]ACHARYA S K. Mobile belts of the Burma-Malaya and the Himalaya and their implications of Gondvana and Chthaysia/Laurasia Continent Configurations[C]. Proceedings of the Third Regional Conference on Geology and Mineral Resources of Southeast Asia. Bangkok, 1978: 121-127.

[133]AGRAWAL B B, FISH S F. Trace metals in crude oils from Assam oilfield, India [J]. Indian Journal of Technology, 1972, 10(3): 117-119.

[134]ALEXANDER E M, PEGUM D, TINGATE P, et al. Petroleum potential of the Eringa Trough in South Australia and the Northern Territory[J]. Journal of the Australian Petroleum Production and Exploration Association, 1996, 36(1): 322-349.

[135]APAK S N, STUART W J, LEMON N M. Structural stratigraphic development of the Gidgealpa-Merrimelia-Innamincka trend with implications for petroleum trap styles, Cooper Basin, Australia [J]. Journal of the Australian Petroleum Exploration Association, 1993, 33(1): 94-104.

[136]ASAMI M, SUZUKI K, GREW E S. Monazite and zircon dating by the chemical Th-U-Total Pb isochron method (CHIME) from Alasheyev Bight to the Sor Rondane Mountains, East Antarctica: a reconnaissance study of the Mozambique Suture in eastern Queen Maud Land [J]. Journal of Geology, 2005, 113: 59-82.

[137]ASKIN R A, ELLIOT D H. Geologic Implications of Recycled Permian and Triassic Palynomorphs in Tertiary Rock of Seymour Island, Antarctic Peninsula [J]. Journal of Geology, 1982(10): 547-551.

[138]ASTHANA M, DUBEY S C. Identification of thin sand bodies within Barail Coal Shale unit of Upper Assam-A step toward subtle trap exploration [J]. Bulletin of Oil and Natural Gas omission (India), 1986, 23(2): 147-159.

[139]AUSTIN J A, UCHUPI E. Continental-oceanic crustal transition off southwest Africa [J]. AAPG Bulletin, 1982(66): 1328-1347.

[140]AVBOVBO A A. Tertiary lithostratigraphy of the Niger Delta [J]. AAPG Bulletin, 1978(62): 295 – 306.

[141]AZAD J, BHATTACHARYYA S, DATTA B D, et al. Hydrocarbon accumulation in Nahorkatiya oilfield, Assam[C]. Proceedings of the 8th World Petroleum Congress, 1971, 8(2): 259 – 268.

[142]BAKRY G. Approaches to predicting reservoir facies in frontier areas – the Alam El Bueib formation case study Obaiyed area, Western desert, Egypt [C]. Proceedings of the 14th Petroleum Conference, Cairo, E-gypt, 1998: 68 – 83.

[143]BALKWILL H R, RODRIQUE G, PAREDES F I, et al. Northern part of Oriente Basin, Ecuador: reflection seismic expression of structures, in Petroleum basins of South America [J]. American Association of Petroleum Geologists Memoir, 1995(62): 559 – 571.

[144]BRAIDC S P. Clay sedimentation facies: a Niger Delta example [J]. Bulletin of Nigerian Association of Petroleum Explorationists, 1993, 8(1): 61 – 72.

[145]BRICE S, KELTS K R, ARTHUR M A. Lower Cretaceous lacustrine source beds from early rifting phases of South Atlantic [J]. AAPG Bulletin, 1980, 64: 680 – 681.

[146]BROGNON G, MASSON P. Salt tectonics of the Cuanza Basin, Angola, Portuguese West Africa [J]. AAPG Bulletin, 1965, 49(3): 335 – 336.

[147]BRUCE J, et al. Increasing River Discharge to the Arctic Ocean [J]. Science, 2002(298): 2171 – 2173.

[148]CAMIILLE P, GARY Y. A globally coherent fingerprint of climatic change impacts across natural systems [J]. Nature, 2003(421): 37 – 42.

[149]BISWAS S K, DESHPANDE S V. Geology and hydrocarbon prospects of Kutch, Saurashtra and Narmada Basins [J]. Petroleum Asia Journal, 1983(11): 111 – 126.

[150]BODARD J M, WALL V J. Sandstone porosity patterns in the Latrobe Group, offshore Gippsland Basin [C]. 2nd South – Eastern Australia Oil Exploration Symposium, Technical papers presented at Petroleum Exploration Society of Australia, 1986: 137 – 154.

[151]BOGER S D, WILSON C J L. Early Cambrian crustal shortening and a clockwise P – T – t path from the southern Prince Charles Mountains, East Antarctica: implications for the formation of Gondvana [J]. Journal of Metamorphic Geology, 2005(23): 603 – 623.

[152]BONORINO G G. Late Paleozoic orogeny in the northwestern Gondwana continental margin, western Argentina and Chile [J]. Journal of South American Earth Sciences, 1991(4): 131 – 144.

[153]BARUAH J M, HANDIQUC G K, RATH S, et al. Exploration for Paleocene – Lower Eocene Hydrocarbon Prospects in the Eastern Parts of Upper Assam Basin [J]. Indian Journal of Petroleum Geology, 1992, 1 (1): 117 – 129.

[154]BASU D N, BANERJEE A, TAMHANE D M. Geology of Bombay Offshore Basin, India [C]. Abstracts of the 26th International Geological Congress, 1980, 26(1): 200.

[155]BASU D N, BANCRJEC A, TAINHANC D M. Source areas and migration trends of oil and gas in Bombay Offshore Basin, India [J]. AAPG bulletin, 1980, 64(2): 209 – 220.

[156]BEIRIEIN E P, ARNE D C, KEAY S M, et al. Timing relationships between felsic magmatism and mineralization in the central Victorian gold province, southeast Australia [J]. Australian Journal of Earth Sciences, 2001(48): 883 – 899.